# 农业有机废弃物堆肥需求与供给

周庆生　著

科学出版社
北京

## 内 容 简 介

近年来，农业有机废弃物堆肥资源化利用越来越受重视，但很多国家和地区对其资源化利用还处于较低状态。本书针对这种现象，对农业有机废弃物堆肥资源化的意义、利用方法、世界各国堆肥资源化利用状况及对策几个方面进行了讨论。为提高农业有机废弃物堆肥资源化利用效率，将区域性农业有机废弃物堆肥的需求供给平衡分析模型化，并对研究模型进行了实例应用分析。

本书适合有机废弃物再生利用领域的学者及研究人员、各地农业有机废弃物管理及制定对策者、农业环境科研工作者阅读，也可作为高等院校农业环境专业研究生及本科生的参考书。

**图书在版编目（CIP）数据**

农业有机废弃物堆肥需求与供给/周庆生著. —北京：科学出版社，2018.2

ISBN 978-7-03-025910-3

Ⅰ. ①农… Ⅱ. ①周… Ⅲ. ①农业废物-有机垃圾-堆肥-研究 Ⅳ. ①S141.4

中国版本图书馆 CIP 数据核字（2018）第 030907 号

责任编辑：贾 超 李丽娇/责任校对：杜子昂

责任印制：张 伟/封面设计：东方人华

科学出版社 出版

北京东黄城根北街 16 号

邮政编码：100717

http：//www.sciencep.com

北京教图有限公司 印刷

科学出版社发行 各地新华书店经销

*

2018 年 3 月第 一 版 开本：720 × 1000 B5

2018 年 3 月第一次印刷 印张：11

字数：222 000

**定价：88.00 元**

（如有印装质量问题，我社负责调换）

# 自　序

地球上存在着各种各样的物质循环利用，自然环境微妙地驾驭着物质循环利用的平衡。但是随着工业化的高度发展，自然环境中这种微妙的平衡被新的物质生产和消费循环打破，并且产生了大量的废弃物。

近年，废弃物的品种和发生量出现迅速增长的趋势，也出现了废弃物处理及再生利用等问题。当前废弃物的处理状况已经与我国高度发展的经济不相匹配。对废弃物进行合理的处理利用，逐步形成可持续发展的循环型社会值得期待。

农业有机废弃物是农业生产的必然产物。伴随着农业生产技术与生产能力的不断提高，农业有机废弃物的发生量也不断增加。农业有机废弃物的土地还原是促进循环型农业发展的重要对策。为促进循环型社会的发展，世界各国对未利用废弃物的有效利用，不断进行科学研究。由于农业有机废弃物含有多种有机成分，而且有直接给作物提供养分的效果，同时具备土壤改良的作用，因此在一些发达国家和地区，农业有机废弃物得到了充分的资源化利用。农业有机废弃物有非常高的再生资源化的潜在能力，把农业有机废弃物制造成肥料的再生利用生产技术基本成熟。农业有机废弃物堆肥的循环利用，首先可改善农业土壤，使农业生产得到持续性，使生产物的收获量及质量提高，是促进循环农业发展的必要手段；其次，使用农业有机废弃物堆肥可减少化学肥料的使用，维护良好农业环境的可持续性，这些完全符合农业可持续发展的理念。

农业有机废弃物堆肥有着维持土地肥沃、提高农作物品质和维护食品安全等效果。但是使用和化学肥料同等效力的农业有机废弃物堆肥，其质量和体积是化学肥料的几倍甚至数十倍，因此堆肥在农业利用中需要耗费大量的劳动力和较高的使用成本，这也是农业有机废弃物堆肥的有效利用率较低的主要原因。对世界各国农业有机废弃物堆肥资源化技术及成功经验进行讨论研究，对提高我国农业有机废弃物堆肥资源化利用意义重大。

以日本为例，日本农业有机废弃物中的畜禽粪便资源化状况从资料中可计算出，其资源化率高达 97%。过去，日本民间有着畜禽粪便自然发酵和干燥后直接使用的习惯，由于畜禽粪便中存在多种病菌，不彻底发酵会直接影响作物品质。因此，近年来日本不断地开发高速堆肥设施，同时对畜禽粪便堆肥进行微生物肥、有机无机复合肥等高附加值产品的开发也产生了一定的效果。另外，为真正提高农业有机废弃物堆肥资源化效率，实现堆肥产业的持续发展，日本各地方自治体对农业有机废弃物堆肥资源化利用从计划到实施，进行了大量的探讨及论证，并逐步形成了周密的分析体系。日本农业有机废弃物堆肥化循环系统的不断完善，是提高其有效循环利用效率和得到持续发展的主要原因之一。

我国循环型农业的发展受到重视，农业有机废弃物的效率化利用不断被强调，但是我国很多地区的农业有机废弃物堆肥资源化利用还处于较低水平。农业有机废弃物的土地还原是促进循环型农业发展的重要对策，农业有机废弃物需求与供给平衡的分析及利用扩大对策的摸索成为目前重要的课题。

在上述背景下，本书讨论了农业有机废弃物堆肥的需求与供给、农业有机废弃物堆肥利用的可能性。为促进农业有机废弃物堆肥的效率化利用，将以地区为单位的农业有机废弃物堆肥的潜在需求量及各种农业有机废弃物转化为堆肥潜在供给量的计算定式化，对区域性农业有机废弃物堆肥的需求供给平衡分析模型化。作为分析事例，根据以下特点对河南省进行了选择：河南省是中国的农作物主产区，农业有机废弃物堆肥潜在需求量巨大；河南省农业有机废弃物发生量充足，但农业有机废弃物作为资源没有得到充分利用。本书为河南省各区域农业有机废弃物堆肥的资源化利用提供科学依据的同时，也成为其他地区解决堆肥在使用过程中降低成本、提高效率化利用的基础。

本书共分五章。第一章为有机废弃物堆肥资源化概述，第二章为部分国家废弃物处理及堆肥资源化现状，第三章为农业有机废弃物堆肥需求供给平衡分析模型的构成，第四章为河南省农业有机废弃物发生与利用状况，第五章为河南省各地区农业有机废弃物堆肥需求供给平衡分析。

本书若能对农业环境科研工作者、研究有机废弃物再生利用问题的学者及地区农业有机废弃物管理者有所启示，将是对作者付出的努力和汗水的最大回报。

由于时间和资料的限制，书中不妥和遗漏在所难免，恳请各位读者批评指正，使本书不断完善。

周秋生

2018 年 2 月

# 目　录

# 第一章　有机废弃物堆肥资源化概述

## 第一节　有机废弃物循环利用的意义

地球上有着各种各样的物质循环利用，自然环境微妙地驾驭着物质循环利用的平衡。但是随着工业化高度发展，自然环境的这种微妙的平衡被人们新的物质生产和消费循环打破，并且产生了大量的废弃物。现代社会资源的有限性、环境保护的必要性及自然物质循环的破坏使社会生活受到限制。为了改变这种状态，对可再生利用废弃物的资源化循环利用已经迫不及待[1]。

近年，随着中国经济的高度发展，废弃物的品种和发生量都出现迅速增长的趋势，呈现出废弃物处理及再生利用等各种各样的问题。废弃物的处理现状已经和我国高度发展的经济不相匹配。对废弃物进行合理的处理利用逐步形成可持续发展的循环型社会值得期待。我国废弃物中的有机废弃物比例高达 50%[2]，这些有机废弃物如果能够得到循环利用，对推动我国循环型社会发展意义重大。有机废弃物有着非常高的再生资源的潜在能力，把有机废弃物制造成肥料和饲料的再生利用生产技术基本成熟[3]。有机废弃物堆肥的循环利用，首先可改善农业土壤、使农业生产得以持续、使生产物的收获量及质量提高，是促进循环农业发展的必要手段；其次，使用有机废弃物堆肥可减少化学肥料的使用，维护良好的农业环境的可持续性，这些完全符合农业可持续发展的理念[4]。对于土壤来说，有机废弃物堆肥有着维持土地肥沃、提高农作物品质和维护食品安全等各种各样的效果[5]，这也是选择使用有机废弃物堆肥的重要原因。但是使用和化学肥料同等效力的有机废弃物堆肥，其质量和体积是化学肥料的几倍甚至数十倍[6]。因此堆肥在农业利用中需要耗费大量的劳动力和较高的使用成本，这也是我国农业有机废弃物堆肥的使用率较低的主要原因。

尽管我国废弃物中的有机废弃物的含量高达 50%，但是资源化率仅占有机废弃物发生量的 7%。我国是农业大国，农业有机废弃物发生量巨大，但是很多地区的农业有机废弃物还处于较低的资源化利用状态[7]。而日本农业有机废弃物中的畜禽粪便资源化状况，从日本环境省的资料[8]可计算出，其资源化率高达 97%。对世界各国农业有机废弃物堆肥资源化技术及成功经验进行研究，对提高我国农业有机废弃物堆肥资源化利用意义重大。以下对有机废弃物的种类及农业利用方法、堆肥的农业利用效果、堆肥的适当正确施用及有机废弃物堆肥技术进行整理总结。

## 第二节　各种有机废弃物堆肥的农业利用方法

有机废弃物堆肥系统是否成功，取决于生产出的堆肥是否可以进行有效的农业利用。成功地进行有机废弃物堆肥农业利用，首先需选择正确的有机废弃物原料，然后对堆肥的需求量进行挖掘和掌握[9]。另外，对堆肥需求区域的有机废弃物的排出量以及是否可以作为堆肥的原料及利用可能性的把握也非常重要。普通有机废弃物堆肥原料主要有农业有机废弃物中的畜禽粪便、秸秆，城市有机废弃物、屎尿和排水污泥等。以下对各种有机废弃物堆肥的农业利用可能性进行总结。

### 一、农业有机废弃物

1. 畜禽粪便

畜禽粪便中含有大量农作物生长所需要的养分；另外，其含有多种有机质，因此，还具有使土壤吸收养分能力提高、透气透水性及保水性提高等各种各样的效果[10]。

畜禽粪便的农业利用通常是经过干燥或发酵处理制成堆肥后再进行农地施用。在畜禽粪便的发生地或者农家的庭院内进行自然干燥或发酵后使用的情况也较为常见。经过自然发酵的畜禽粪便堆肥对质量要求不高，一般是就近使用。但是堆肥产品的广域流通是促进有机废弃物循环利用的必要手段，因此对畜禽粪便堆肥的品质管理非常重要。以下关于畜禽粪便堆肥的施用品质进行整理总结[11]：①适当的含水率、卫生、臭气不强；②使用前充分发酵；③有害物质、有害病原菌不存在；④不存在影响农作物生长的物质（如含有杂草种子等）；⑤对于土壤和农作物具有一定的施用效果。

畜禽粪便堆肥由于地区的不同有着干燥、半干燥、自然发酵、高速堆肥等各种各样的处理方法。高速堆肥的特点是可生产出有害病原菌减少或被杀死、使畜禽粪便中的有机质充分发酵、肥料成分含量稳定、施用方便的肥料[12]。畜禽粪便堆肥施用范围较广，如大麦、小麦、水稻、玉米、棉花、蔬菜、果树、公园城市绿化、花卉种植、园艺园林等。

2. 农作物秸秆

秸秆属于农作物生产的残渣，如麦秆、玉米秸秆、稻秆等，它们又被称为纤维类有机废弃物。这些秸秆被作为土壤改良资材进行农业施用的情况比较普遍。因为在作物的收获季节，秸秆基本处于干燥状态，因此，作物收获后直接施用于农地的状况较多。另外，秸秆也被称为堆肥的水分调节材料，通常和含水量较多的畜禽粪便混合发酵制造的堆肥效果更为理想[13]。

秸秆堆肥的施用更适合大田作物的土壤改良，如大麦、小麦、水稻、玉米等。另外，也可用于露地种植、公园植物、花坛、园艺、绿地用土、制造腐殖土、家庭花卉种植等。

## 二、城市有机废弃物

城市有机废弃物主要是指城市厨房有机性垃圾。城市有机废弃物和畜禽粪便相比农作物所需要的养分较少，而且还具有养分不确定等缺点。由于这些有机废弃物不能直接进行农业利用，因此必须经过发酵制造成堆肥后才能使用。城市有机废弃物的堆肥生产通常分为单独发酵和同其他有机废弃物（如畜禽粪便）混合发酵两种形式[14]。日本很多城市推行家庭有机性垃圾的分类排出，这些有机废弃物主要是和脱水的屎尿污泥及食品行业产生的有机性残渣混合使用制造成堆肥。通常城市有机废弃物堆肥产品主要施用于苗圃、育林、园艺、家庭种植、果树、公园绿化等[15]。

## 三、屎尿和排水污泥

在欧洲，从中世纪到近代这一漫长的农业发展过程中，记载着屎尿和污泥的农业利用历史[1]。屎尿和生活排水及工业废水合并处理的情况较多，因此排水污泥中含有一定的重金属。因为高速堆肥并不能去除污泥中的重金属，所以污泥直接经过简单的堆肥处理后使用会引起农作物的重金属污染[16]。与中国相比，日本的屎尿及排水污泥的堆肥利用较为普及，主要是因为日本存在关于污泥堆肥使用的法律（《肥料取缔法》）。法律规定了以屎尿污泥作为原料堆肥的重金属含有量标准。另外，日本经过三十年对排水污泥堆肥的农业利用进行试验和研究[13]，污泥堆肥使用经验丰富，甚至很多地区还严格设定本地区的污泥堆肥施用标准。但是由于对污泥中重金属的担心，在日本真正施用排水污泥堆肥的农户还是少数。为此日本对屎尿污泥的施用进行总结，并由日本下水道协会于2005年制定发行了下水污泥的农地利用手册，对屎尿污泥堆肥的安全制造及施用进行指导，逐步使屎尿污泥堆肥的施用得到普及。

欧洲有关屎尿和污泥堆肥施用也是在严格规定下进行的。1998年以前，英国就有将未经过处理的排水污泥直接对食用农作物进行施用的案例。此后，为安全施用屎尿污泥堆肥，英国发表了此类堆肥的施用说明，如表1-1所示。此表又被称为使用可能的屎尿污泥分类一览表[15]。另外，此表严格规定并阻止有害屎尿污泥堆肥的施用，并且达到普及安全屎尿污泥堆肥的施用目的。在我国屎尿排水污泥堆肥的农业施用率还处于较低的状态，对英国的此项说明进行研究和摸索，有利于提高我国屎尿排水污泥堆肥的效率化农业利用。

**表1-1　安全污泥施用一览表**（英国，1998年）

| 农产物分类 | | 未经处理屎尿污泥 | 一般方法处理屎尿污泥 | 高度严格处理屎尿污泥 |
|---|---|---|---|---|
| 果实类 | | × | × | ○ e) |
| 沙拉蔬菜类 | | × | × a) | ○ e) |
| 一般蔬菜类 | | × | × b) | ○ e) |
| 园艺蔬菜类 | | × | × | ○ e) |
| 粮食・家畜饲料 | | × | ○ | ○ |
| 牧草・畜禽饲料 | 收获 | × | ○ c) | ○ f) |
| | 放牧 | × | × d) | ○ f) |

注：○为符合《下水污泥相关规制》和《下水污泥农业利用施用准则》，可以施用；×为不符合规制及准则，不能施用

a）施用后经过30个月后收获的作物可以施用；

b）施用后经过12个月后收获的作物可以施用；

c）施用后经过3周以后收获的作物可以施用；

d）只限深耕施用，施用后经过3周以后可以放牧；

e）施用后经过10个月后收获的作物可以施用；

f）施用后经过3周以后收获的作物或者经过3周以后放牧用的作物可以施用

表1-1中农产物具体可以分为以下几类：①果实类：苹果、草莓、葡萄、梨等；②沙拉蔬菜类：生菜、洋葱、毛豆、包菜、红萝卜等；③一般蔬菜类：土豆、

南瓜、玉米等加热使用的农作物；④园艺蔬菜类：西红柿、黄瓜、种苗等温室栽培作物及竹笋等；⑤粮食·畜禽饲料：大麦、小麦、油类菜种等；⑥牧草·畜禽饲料（收获）：秸秆、饲料草等；⑦牧草·畜禽饲料（放牧）：牧草、饲料用黑麦等。

# 第三节　有机废弃物堆肥资源化技术

## 一、有机废弃物堆肥技术

有机废弃物堆肥技术是指把有机废弃物中的有机质及各种养分进行控制并且达到一定的标准，制造成容易储存和流通而对农作物无不良影响、能够达到土壤改良和提供一定养分的分解物[17]。另外，易腐蚀的有机废弃物堆积会造成有机质的微生物分解，利用这种现象进行生物性的质变被称为有机废弃物堆肥化处理[18]。有机废弃物堆肥的微生物主要作用期由糖类分解期、纤维素分解期及木质素分解期构成。糖类分解期主要使各种菌类产生的蛋白质、氨基酸和糖分进行分解，在系列反应中产生热量，使堆肥化过程中温度上升[19]。纤维素分解期主要是纤维素进行分解，反应热使堆肥堆积物的温度上升至 60～80℃时高温菌类开始活动。当以上分解达到峰值后堆积物的温度开始下降，这时候进入木质素分解期，正常情况下很难分解的木质素开始进行分解[20]。木质素分解期使堆积物中较坚硬的有机物分解，堆肥呈现出特有的成熟颜色并呈现酥软状态[21]。

## 二、有机废弃物堆肥基本方法

有机废弃物堆肥方法多种多样，有机废弃物堆肥化处理前首先要进行原材料的筛选和尺寸调整及去除异物等前期工作[22]。在有机废弃物发酵制造堆肥的过程中，主要是氧气的供给和搅拌的方法不同。本书对堆积发酵法、好氧发酵法及容器内发酵法等几种常见的方法进行简单介绍[9]。

1. 堆积发酵法

有机废弃物进行堆积，通过人力或者机械力量进行翻动使有机废弃物接触氧气进行发酵。部分堆积物处于不通气状态会产生臭气，为提高堆肥的效率，堆积物的断面尽可能最小化，翻动的机械要和堆积物的形状配套。堆肥化的时间需要 3～4 周，然后要再经过 3～4 周的静养才可以使用。

2. 好氧发酵法

为增加堆积物的通气性，要在排水设施上部堆积有机废弃物。为控制臭气和起到保温的作用，通常在堆积物上方进行覆盖。为达到氧气充分和温度控制的目的，需充分通风，以达到快速发酵的效果。堆肥化的时间需要 3～4 周，然后要再经过 3～4 周的静养才可以使用。

3. 容器内发酵法

容器内发酵法为在容器内进行发酵的方法，容器一般有垂直塔状、横放矩形、圆形灌装、圆形回转灌装等，主要采取的方法是通过空气量、温度、氧气浓度、处理时间、臭气的控制，对容器内的有机废弃物进行机械式搅拌，达到充分发酵的目的。堆肥化的时间要快于以上两种方法，需要 1～2 周完成，然后要经过 4 周以上的静养才可以使用。

# 第四节　堆肥的农业利用效果和适当正确施用

## 一、堆肥的农业利用效果

有机废弃物堆肥对于土壤主要起到有机肥料和土壤改良剂两种作用。肥料和土壤改良剂有着不同的定义，肥料是指为植物生长提供营养的物质；土壤改良剂是指使土壤原有的不理想状态发生变化，改善和增强土地肥沃度的物质。虽然化学肥料中植物生长所需的氮、磷、钾是堆肥的几倍甚至数十倍，但化学肥料不具备有机肥的土壤改良作用，并且长期使用会造成土壤污染。日本把堆肥定义为特殊肥料，有机废弃物堆肥在日本又被分为肥料效果有机物和土壤改良效果有机物两种。通常有机废弃物堆肥作为土壤改良剂进行施用的情况较多。以下根据文献[23]对有机废弃物堆肥的几种施用效果进行总结：①养分供给；②土壤微生物增加；③土壤蓄积养分增加；④土壤团粒形成；⑤土壤酸性矫正和硝酸保持；⑥蔬菜及果实糖分上升；⑦土壤传染病减轻；⑧促进生物多样化。

## 二、堆肥的适当正确施用

有机废弃物堆肥有着化学肥料不具备的施用效果，但是在施用过程中，各种安全性的注意非常有必要。有机废弃物堆肥的过量施用会造成营养成分过剩，从而使农作物收获量降低、质量降低、蔬菜的硝酸含量增加，对人体产生危害。有机废弃物堆肥要根据土壤的性质及肥沃状况进行合理施用，依据农作物种植对养分的需求，调节化学肥料和有机废弃物堆肥的施用非常必要。

## 第五节 本章总结

本章主要对有机废弃物循环利用的意义、各种有机废弃物堆肥农业利用的可能性、堆肥施用效果和正确施用的重要性及有机废弃物堆肥技术等进行整理总结。我国的废弃物中，有机废弃物占有较高的比例，但是资源化利用还处于较低的状态。有机废弃物循环利用，对推动我国循环型社会的发展意义重大。各种有机废弃物堆肥资源化农业利用的可能性充分存在，堆肥农业利用虽然有着各种各样的施用效果，但是适当正确地施用堆肥非常重要。

# 第二章　部分国家废弃物处理及堆肥资源化现状

本章就美国和欧洲部分国家、印度和东南亚部分国家、日本及中国的废弃物处理、有机废弃物堆肥资源化现状等进行整理总结。

## 第一节　美国和欧洲部分国家废弃物处理及堆肥资源化现状

美国、德国、荷兰及意大利等国家在废弃物处理方面的法律较为健全，而且不断地促进废弃物再生利用，从而减少废弃物处理的压力。以上各国的有机废弃物堆肥资源化率均达到或超过 50%，甚至有些国家高达 90%以上。由于这些国家的废弃物再生利用率较高，所以这些国家也被称为废弃物再生利用先进国。以下对这些国家的废弃物处理政策、方法[24]及有机废弃物堆肥资源化现状[25]进行总结。

### 一、美国

美国的废弃物相关法律主要是以每个州的法律为基准执行，主要由《废弃物处理法》和《废弃物强制再生利用法》组成。各州都有对废弃物处理的对策及再生利用系统的制定及运营方案。美国的家庭废弃物处理，主要由政府或自治体委托回收者和家庭直接签订合同等方法进行，并且废弃物的回收需要征收相关费用。2000 年以前美国的废弃物处理主要是采取卫生填埋的方法，卫生填埋、焚烧处理及再生资源化的比例为 8∶1∶1。为解决废弃物处理而引起的环境问题，使其对环境的影响最小化，美国环境保护厅对废弃物处理的目标指定为资源化率 25%、卫生填埋率 55%、焚烧处理率 20%。经过十几年努力，现在美国的废弃物卫生填埋率已经降至 60%。在废弃物再生利用方面，有机废弃物的堆肥资源化得到重视。近年，由于有机废弃物的堆肥资源化率已达到 50%，因此整体废弃物的再生利用率上升至 30%。焚烧处理率保持不变，依然维持在 10%的状态。近年来有机废弃物堆肥资源化率的提高，使美国废弃物的卫生填埋率有所下降，从而较大程度地缓解了废弃物处理所带来的环境压力。

## 二、德国

德国的废弃物处理中，卫生填埋用地的严重不足是最为重要的课题。德国的环境政策中，环境保全受到最高的重视。所以德国有着最为先进的废弃物再生利用体系。另外，德国于 1994 年公布的《废弃物再生利用法》对 1986 年公布的《废弃物法》进行了全面的改进，使废弃物的再生利用迎来新的阶段。法律规定生产制造业尽可能地减少废弃物的产生。首先，生产企业要对产品的设计、生产、流通及销售过程进行全面考虑。在生产出高质量、长寿命产品的同时，还要考虑产品使用后的再生资源化可能性，甚至要考虑产品在使用后进行最终处理时对环境的影响要达到最小化。德国的《废弃物再生利用法》扩大了生产制造业的责任，此法律不但促进了废弃物的再生利用，还为德国生产更加环保的产品创造了条件。目前德国的废弃物处理中再生利用率高达 66%、焚烧处理率 34%。因为废弃物处理用地紧张的问题，卫生填埋率处于“0 状态”。在有机废弃物的处理方面也主要采取堆肥化农业利用，德国整体有机废弃物的堆肥资源化率超过 50%。

## 三、荷兰

由于地球暖化，荷兰是容易受到水面上升和地下水污染等环境影响的国家，因此废弃物处理和再生利用等环境问题在荷兰特别受重视。荷兰的环境政策特征是不单纯地在法律上进行约束，其目标是不断实现和满足行政事业、企业、国民需求的生活工作环境，而且很具体的方面在法律上都有所体现。1986 年《废弃物处理法》发布以来，荷兰的废弃物处理不断地接近其法律制定的目标。近年的废弃物处理形态和 1986 年比较，废弃物卫生填埋率从 55%降至 20%，焚烧处理率从 10%上升到 25%，最受到关注的废弃物再生利用率由 35%上升到 55%，达到世界较高水平。在有机废弃物的处理方面，荷兰也主要采取堆肥资源化农业利用，荷兰整体有机废弃物的堆肥资源化率高达50%。另外，荷兰和德国一样，不断地传播着环境先进国家的气息，荷兰的大学及研究机构都在不断研究先进的废弃物处理体系，为推动世界环保产品的开发及技术研究领域的发展发挥着积极的作用。

### 四、意大利

意大利是以上各国中，有机废弃物堆肥资源化率最高的国家。因为意大利在《废弃物处理法》中有着更为严格的《废弃物再生利用法》。在过去被焚烧处理的各种纸制品废弃物，现在也成了有机废弃物堆肥的原料进行分别回收再生利用。因此，意大利整体有机废弃物的堆肥资源化率高达95%。另外，意大利的整体废弃物处理形态显示，卫生填埋率约占30%、焚烧处理率约占18%、废弃物再生利用率约占52%，整体处于较合理状态。

以上各国在环境规制方面都非常严格。废弃物的焚烧处理方面虽然已经开发和引进了先进技术，但仍然产生各种各样的有害物质。因此在卫生填埋处理以外，应积极地促进废弃物的再生利用技术。美国、德国、荷兰及意大利等国家近年来废弃物的再生利用率都有所提高，并且有机废弃物堆肥资源化率均达到或超过50%。

## 第二节　印度和东南亚部分国家废弃物处理及堆肥资源化现状

相比欧洲的环境发达国家，印度及东南亚部分国家在废弃物处理方面还处于较落后的状态。以下对印度、印度尼西亚、泰国、菲律宾的废弃物处理政策和有机废弃物堆肥资源化状况，根据文献[26]进行整理总结。

### 一、印度

印度2000年发布《都市废弃物管理及处理规则》，明确规定了废弃物卫生填埋量最小化，并且积极促进废弃物的再生利用。另外，对于有机废弃物处理规定，根据需要通过适合正确的技术进行堆肥资源化处理。但是到2004年为止，遵守这项规定的单位几乎不存在。近年来为普及和促进有机废弃物的堆肥资源化，政府要求各机构部门之间相互配合，计划在全国投资建造1000个高速堆肥设施，预算投资金额高达两亿美元。但是，由于政府对化学肥料的施用实行补助金制度，这给高速堆肥设施的运行带来很大的困难。

20 世纪末印度都市地区的有机废弃物堆肥化处理率约占发生量的 10%。经过十几年的发展，最近的报告显示都市地区的有机废弃物堆肥化处理约占发生量的 9%，比 20 世纪末略有降低。印度各地区存在很多集中堆肥处理设施，具有一定代表性的堆肥处理设施，日产量达到 100～700 吨。这些设施大部分为自治体委托民间进行运营，只针对食品行业的有机废弃物进行堆肥化处理。但是大多数集中堆肥处理设施最终还是处于关门倒闭状态。这些集中堆肥处理设施前期对市场估计不足，产品无销路是造成最终失败的主要原因。

## 二、印度尼西亚

2000 年印度尼西亚的有机废弃物堆肥资源化处理率约为 1.6%。因为废弃物管理问题在印度尼西亚引起多次冲突，所以印度尼西亚对废弃物问题有着深刻的认识。印度尼西亚的废弃物问题受到非政府组织（Non-Governmental Organizations，NGO）的关注和支援，但是由于废弃物卫生填埋的用地问题及焚烧设施的污染问题等，这些处理设施的建设计划还是受到居民的强烈反对。1999 年开始，公共服务事业移交地方政府进行管理，中央政府的主要作用是只对地方政府下达方针和提供技术指导。2004 年开始，印度尼西亚政府对改善废弃物的管理规章制度和基本法进行探讨，现在仍处于草案的形成和试行阶段。

## 三、泰国

自 1992 年以来泰国对废弃物管理虽然设立了 4 条重要的法律，但是对有机废弃物的堆肥化处理仍没有具体的规定。到 1998 年泰国工业部出台的产业有机废弃物的堆肥化处理方法填补了这项空白，并且在 2005 年泰国农业部对有机废弃物堆肥和微生物性肥料的品质及规格进行了强化制度。

近年，具有健康印象的泰国农副产品发展成了国家经济发展战略，这也是促进泰国有机废弃物堆肥资源化的主要契机。为完成此项目标，泰国天然资源环境部对有机废弃物堆肥事业的促成进行推进。目前，泰国的有机废弃物堆肥化处理率约为 10%。为提高有机废弃物堆肥资源化处理，泰国各省、地区等级别的自治体分别对行政区域内的堆肥设施进行计划。大学和研究机构对先进的堆肥生产技术和方法进行了研究和探讨。另外，2007 年为节省资源利用，泰国天然资源环境部和内务部关于资源与废弃物处理问题签订协议并且达成共识，作为两部门的目标，今后国内的有机废弃物必须进行堆肥化、饲料化及燃料化再生处理及利用。

### 四、菲律宾

1997 年菲律宾的有机废弃物堆肥化处理率约为 10%，有机废弃物的堆肥化处理项目的成功主要来源于 NGO 的援助。近年来，菲律宾农业部推行对有机废弃物堆肥的使用进行奖励政策，使有机食品市场得到一定的发展。1999 年制定的《大气污染防治法》明确规定对废弃物的焚烧进行禁止。2000 年菲律宾制定《环境维护型固体废弃物管理法》，法律主要强调废弃物发生抑制及废弃物再生利用的必要性。法律规定地方政府有义务对该地区的环境维护型废弃物管理计划进行制定，对废弃物资源化设施进行设置。但是，地方政府对法规的轻视、资金不足、技术欠缺、收集处理车辆不足、行政手续烦琐、居民不配合等使法规的实施处于困难状态。

## 第三节　日本废弃物处理及堆肥资源化现状

众所周知，日本是世界上废弃物处理较先进的国家之一。要了解日本的有机废弃物堆肥资源化状况，对其废弃物处理政策的研究非常重要。近年来，由于日本废弃物发生量的不断增加，因此在废弃物处理方面研究开发的力度较大。废弃物的排出抑制和再生资源化是近年日本废弃物处理的主要方向。为配合废弃物的再生利用，日本严格规定废弃物必须分类排出。日本是废弃物排出分类精细，并且执行较为彻底的国家之一，在提高废弃物再生利用方面具有一定的代表性。以下将日本的废弃物处理政策及有机废弃物堆肥资源化现状进行整理总结。

### 一、日本废弃物处理政策

1960 年前后，日本废弃物处理的方法主要是把废弃物从生活圈排出，然后直接进行卫生填埋。进入 20 世纪 70 年代，随着日本经济的高度发展和都市化的推进，废弃物的品种和发生量都出现迅速的增长。因为大量的废弃物进行卫生填埋会出现恶臭和渗水等二次污染问题，所以 70 年代末到 80 年代废弃物的资源化利用受到重视，并且制定了一系列的关于有机废弃物堆肥、废纸、废金属等再生资源化计划。进入 90 年代，日本迎来了第二次废弃物处理战争，废弃物量的激增和品种的复杂化，使废弃物处理的对策也发生了变化。废弃物的排出抑制、精细分类、资源化利用、循环型社会系统的摸索等受到重视[27]。

日本较早的一部有关废弃物分类收集的法律《关于废弃物处理及清扫法律》[28]是 1970 年制定并且实施的。法律明确废弃物分类收集的必要性，并指出废弃物分类回收的目的是使收集后处理及再生利用更加容易。废弃物的分类收集不仅有利于废弃物的焚烧处理和卫生填埋，更重要的是有利于废弃物再生资源化利用[17]。1991 年日本对《关于废弃物处理及清扫法律》进行了大幅度的修改。作为最为重要的修改部分，该法律提出规定，对废弃物的排出进行抑制，对不可避免的废弃物可进行排出。废弃物的排出不影响生活环境是必要的前提条件，并且废弃物排出要适当、正确地进行分类、保管、收集、搬运、再生利用及处理。本法律对废弃物的排出抑制、分类收集及再生利用非常重视。另外，本次法律的修改对废弃物的种类进行严格的分类。废弃物主要分为一般废弃物和产业废弃物两种。一般废弃物是指家庭和公共事业性单位所排出的废弃物。产业废弃物是指生产活动中所产生的废弃物，主要有纸屑、木屑、纤维类残渣、动植物类残渣、污泥、废油、废酸、废塑料、畜禽粪便、畜禽尸体、橡胶类残渣、金属类残渣、玻璃类残渣、陶瓷残渣、尾矿残渣、废电池、废弃建筑废材、废弃物焚烧设施发生的燃烧灰尘及产业废弃物处理后的残渣共 19 类[29]。日本如此详细的废弃物分类，为其促进废弃物资源化的再生利用起到了关键作用。

另外，日本促进循环型社会发展的法律《关于废弃物再生利用促进法》于 1991 年 10 月开始实施。在此之后连续发布了《节省资源・再利用支援法》《环境基本法》《循环型社会形成推进基本法》《关于资源有效利用促进法》《再生资源利用促进法》等法律[30]。

## 二、日本有机废弃物堆肥资源化现状

有机废弃物的再生资源化中，堆肥化处理是最重要的方法。有机废弃物堆肥化处理是循环农业发展的重要手段。日本产业废弃物中的秸秆、动植物生产加工残渣、畜禽粪便、屎尿污泥、畜禽尸体及一般废弃物中的厨房有机性废弃物等都属于堆肥的原料。日本有机废弃物的排出状况如表 2-1 所示[31]。

**表 2-1　日本各种有机废弃物的排出状况**（日本环境省，2011 年）

| 类别 | 种类 | 排出量/百万吨 | 比例/% |
|---|---|---|---|
| 一般废弃物 | 厨房有机废弃物 | 11.9 | 4.6 |
| | 事业有机废弃物 | 5.2 | 2.0 |
| | 屎尿污泥 | 16.0 | 6.2 |
| | 净化槽污泥 | 15.8 | 6.1 |

续表

| 类别 | 种类 | 排出量/百万吨 | 比例/% |
| --- | --- | --- | --- |
| 产业有机废弃物 | 动植物生产残渣 | 4.5 | 1.8 |
| | 畜禽粪便 | 89.8 | 34.9 |
| | 下水污泥 | 74.4 | 28.9 |
| | 其他有机性残渣 | 39.5 | 15.5 |
| 合计 | | 257.1 | 100.0 |

注：环境省是指日本的环境保护部

如表 2-1 所示，日本的产业有机废弃物约占日本有机废弃物总量的 81.1%，因为产业有机废弃物的发生地和堆肥的农业利用有距离上的优势，因此产业有机废弃物作为堆肥的原料在日本更受到重视。

根据日本环境省 2011 年资料[31]，可计算出日本产业有机废弃物中，进行焚烧和卫生填埋处理量约占 23%，再生利用处理量约占 77%。再生利用处理中，部分进行饲料化处理以外主要是堆肥化处理。根据日本环境省 2011 年资料可以推算出，堆肥资源化率最高的是产业有机废弃物中的畜禽粪便，其堆肥资源化率高达 97%。

另外，日本环境省 2011 年资料显示，日本产业有机废弃物中食品产业的有机废弃物也有较高的堆肥化处理率。日本食品产业的有机废弃物的发生和再生利用状况如表 2-2 所示。食品产业有机废弃物发生总量为 1137 万吨/年，其中食品制造业年发生量 489 万吨/年，约占比例为 43%。食品行业有机废弃物总体再生利用率为 43%。再生利用方法为堆肥化、饲料化、油脂制品化等，其中堆肥化再生利用率最高，约占 51%。

**表 2-2　日本食品产业有机废弃物的发生和再生利用状况**（日本环境省，2011 年）

| 所属 | 年发生量/万吨 | 再生利用率/% | 再生利用用途比例/% | | |
| --- | --- | --- | --- | --- | --- |
| | | | 肥料化 | 饲料化 | 油脂制品等 |
| 食品制造业 | 489 | 69 | 52 | 45 | 3 |
| 食品批发业 | 74 | 45 | 61 | 35 | 4 |
| 食品零售业 | 262 | 23 | 49 | 42 | 9 |
| 食品外卖业 | 312 | 17 | 40 | 47 | 13 |
| 合计 | 1137 | 43 | 51 | 44 | 5 |

## 三、日本有机废弃物堆肥产业现状

日本的有机废弃物堆肥产业主要有地方行政主导和私营主导两种形式。地方行政主导的有机废弃物堆肥产业，主要是以城市有机废弃物资源化处理为目的，对城市的有机废弃物排出进行严格分类，高速堆肥设施由地方行政投入。私营主导的堆肥产业，主要是以私营养殖业及食品行业为主体，以本产业现有的有机废弃物，如畜禽粪便、动植物残渣及食品残渣等作为主要原料进行堆肥生产的私营产业。

《日本城市有机废弃物资源化处理设施时态调查报告》[32]对32家以城市有机废弃物资源化处理堆肥设施进行调查，其中约50%为日本农林水产省（日本农业部）的资助设施，主要有地域农业生产综合振兴对策事业资助、农业构造改善事业资助、农业生产体制强化事业资助、地域资源再生利用推动整备事业资助、地域农业基础确立农业构造改善事业资助等；约30%为日本厚生劳动省（日本劳动保护部）的资助设施，主要有废弃物处理设施整备事业资助、废弃物循环型社会基础设施整备事业资助等。这些有机废弃物堆肥化设施建设，基本上是在推动地域农业振兴、地域公害对策、减少废弃物处理费用、有机农业的发展、反对废弃物焚烧设施建设等机遇下促成的。堆肥的原料主要来源于家庭和事业单位的厨房有机性垃圾，也有一些堆肥产业在厨房有机性垃圾的基础上结合畜禽粪便及屎尿污泥作为原料进行生产。城市有机废弃物资源化处理设施的原料主要依靠厨房有机性垃圾。使用一般的厨房垃圾分类的回收方法，原料中容易出现非有机性夹杂物而影响堆肥品质。因此，这些产业在当地政府的协助下，进行厨房有机性垃圾的堆肥资源化宣传指导、厨房有机性垃圾严格分类排出必要性说明、排出方法指导、组织居民堆肥工厂参观学习等方法，来得到居民的认识和理解，从根本上解决原料品质问题。而且居民厨房有机性垃圾的排出要使用指定回收袋，这些专用厨房有机性垃圾袋由政府指定销售，根据大小价格每个一般在0.3～1.5元人民币。这些产业是在政府的资助下运营的，因此部分堆肥产品实行免费供给当地居民使用。

日本以地方行政主导的有机废弃物堆肥产业，在政府资助下存在，起到了废弃物处理和再生利用的目的，因此政府大力提倡居民和农户免费使用。但是，由于堆肥品质的问题，这些产业的堆肥生产量受到一定的限制。根据《日本城市有机废弃物资源化处理设施时态调查报告》显示，堆肥利用者认为，即便是收费也想使用品质好的堆肥产品。由于原料主要来源于城市厨房有机性垃圾，具有养分不确定和品质不稳定等缺点，因此，堆肥品质的问题是日本地方行政主导的有机废弃物堆肥产业的重要课题。

私营主导的有机废弃物堆肥产业，基本上是以本产业现有的有机废弃物作为原料进行堆肥生产，所以在原料成本上得到一定的压缩。由于原料品质方面比城市厨房有机性垃圾有所保证，所以在一定程度上得到了使用者的认可。但是私营主导的堆肥产业存在运营风险，因此实施前的方案探讨非常必要。具体的方案探讨如原料的选择、产量设计、设备成本和运营成本削减、销路的确保等非常重要。私营主导的有机废弃物堆肥产业，同样为日本的废弃物再生资源化利用起到了关键的作用，但这些产业在建设和运营方面未得到政府的补助，因此，私营主导的有机废弃物堆肥产业的运营成本削减、收益提高及持续性的发展等同样存在着重要的课题。

日本的有机废弃物堆肥产业，无论是地方行政主导还是私营主导并不重要，重要的是有机废弃物的排出、处理、利用等得到社会各部门的协助及有机废弃物堆肥化循环系统的完善，从而使有机废弃物的有效循环利用不断提高。

## 第四节　中国废弃物处理及堆肥资源化现状

中国的废弃物管理主要是依据《中华人民共和国固体废弃物污染环境防治法》实施。1984 年中国建设部规定，城市废弃物管理短期内主要采取卫生填埋和高速堆肥，在条件允许的地方进行废弃物分类收集、开发废弃物焚烧技术，医院的特殊废弃物统一管理集中收集并采取焚烧处理[33]。另外，2000 年发布的《关于城市废弃物处理及污染防止和取缔技术方针》规定的城市废弃物处理方法，在使用地确保的情况下，卫生填埋优先。在用地条件不足的情况下可采取焚烧处理，同时积极开发研究废弃物生物处理技术。随着中国的经济发展和都市化进展的加速，废弃物处理主要是以卫生填埋为中心，焚烧处理的开发也同样受到重视，但有机废弃物的堆肥资源化在 20 世纪 90 年代初期处于暂时停止状态。近年来，由于废弃物中的有机物含量不断增加，有机废弃物堆肥技术开发和应用看到了新的希望。目前有机废弃物堆肥资源化率约占 7%，有机废弃物堆肥资源化率较低的主要原因是堆肥施用成本过高。另外，城市有机废弃物作为堆肥原料没有进行分类收集从而提高了制造成本，这也是有机废弃物堆肥资源化率较低的原因之一[34]。

进入 21 世纪，有机废弃物的高速堆肥技术和设备的开发及厌氧堆肥技术的普及成为我国的重点项目。有机废弃物堆肥资源化是我国发展循环农业的重大措施，但目前有机废弃物堆肥资源化的速度不快，产业化程度不高，效果不显著，市场驱动力不强。处理技术较落后、政策保证不够等原因使堆肥产业不能蓬勃发展。因此需要引进国外有机废弃物处理及高附加值堆肥资源化关键技术，并进行消化创新，从而解决我国有机废弃物堆肥产业化的瓶颈问题。推动有机废弃物堆肥资源化产业的发展，是我国生态环境得到保护、土壤肥力永续提高、作物产量和品质改善的重要手段。把引进吸收与消化整合和自主创新相结合，把技术引进和市场开拓相结合，建设研究团队，实行产学研一体化攻关，通过技术引进创新，提高有机废弃物堆肥资源化产业的市场竞争力，对我国有机废弃物堆肥产业化发展意义重大。

## 第五节　本 章 总 结

本章对世界部分国家废弃物处理政策和有机废弃物堆肥状况进行了整理总结。在亚洲各国的废弃物政策中，中国主要是采取卫生填埋的废弃物处理方法，但印度对废弃物的卫生填埋进行回避。另外，中国支持开发废弃物的焚烧处理，但菲律宾却严格禁止废弃物的焚烧处理。在以上亚洲各国家中，日本在废弃物处理中进行分类排出，其目的是分类回收后可以更容易地进行再生利用。日本的废弃物处理中焚烧和卫生填埋同样占较高的比例，但是由于日本的废弃物处理对废弃物排出抑制和分别再生利用高度重视，因此，比较亚洲其他各国更容易提高废弃物的再生利用。这也是日本有机废弃物的堆肥化处理率在世界上处于较高水平的原因之一。另外，本章美国和欧洲部分国家有机废弃物的堆肥化处理率均达到或超过 50%。这些国家在经济高度发展的同时，废弃物的再生利用同样受到重视。

中国、印度、印度尼西亚、泰国、菲律宾等国家有机废弃物堆肥化处理率均处于 10%以内。比较日本和欧美，废弃物中的有机物质含量同样处于较高的比例，但堆肥化处理率却处于较低的状态。欧美和日本，有着废弃物分类排出和收集方面较为精细和彻底的制度方法，是有机废弃物堆肥资源化率较高的主要原因。中国大多数地区农业有机废弃物堆肥资源化利用率还处于较低的状态。随着我国经济的高度发展，废弃物的质和量都发生了较大的变化，特别是废弃物中有机成分的增加，更有利于有机废弃物堆肥资源化的循环利用。对日本和欧美的有机废弃物堆肥资源化技术及成功经验进行讨论研究，对提高我国有机废弃物堆肥资源化利用意义重大。

# 第三章　农业有机废弃物堆肥需求供给平衡分析模型的构成

## 第一节　堆肥需求供给平衡分析的重要性

为促进循环型社会的发展，世界各国对未利用废弃物的有效利用，在不断地进行科学研究[35]。近年来，我国循环型农业的发展受到重视，农业有机废弃物的土地还原是促进循环型农业发展的重要对策[36-38]。农业有机废弃物的效率化利用不断被强调，但很多地区对其的有效利用率还处于较低状态[39]。例如，河南省的农业有机废弃物，秸秆和畜禽粪便的年产量在全国各省市中排列首位[40,41]。以各种畜禽粪便为例，河南省全年产量超过 1.30 亿吨[42]，折干约 3100 万吨。全省登记有 130 余家堆肥生产企业，全年生产能力约 180 万吨，但经过安全发酵的堆肥生产量不足 50 万吨[43]。从以上数据可以算出，农业有机废弃物生产能力约占发生量的 6%，其实际生产量约占发生量的 1.6%。而日本畜禽粪便利用状况从日本环境省《日本垃圾的分类及发生处理状况》[8]的资料中可计算出，其资源化率高达 97%。近年来，我国在堆肥技术方面[44-46]及农业有机废弃物污染处理方面[47]等领域的研究已达到世界先进水平。由于农业有机废弃物堆肥施用需要消耗大量的劳动力，并受到移动极限及区域范围等局限性影响[6]。在农业有机废弃物堆肥的实际利用中，对一定区域内的农业有机废弃物堆肥需求和供给可能性的分析是提高其有效利用的科学手段[48]，但在中国，以上研究还存在一定空白。因此，以地区为单位农业有机废弃物堆肥需求供给平衡分析模型的构成，对各级行政区域内的农业有机废弃物堆肥的有效利用及资源化对策等方面非常重要。

# 第二节　农业有机废弃物堆肥需求供给平衡分析模型

## 一、分析方法

以研究地区内的各级行政区域为研究对象，分别对各研究对象内的农作物对堆肥的理论最大需求量（以下简称潜在需求量）进行推算，对农业有机废弃物秸秆及各畜禽粪便的发生量进行调查估算及转换为堆肥的理论最大供给量（以下简称潜在供给量）进行计算，对研究地区的农业有机废弃物堆肥的需求和供给平衡及农业利用可能性进行定量分析，为各研究对象区域的农业有机废弃物堆肥的有效利用提供科学依据。具体研究流程如图 3-1 所示。

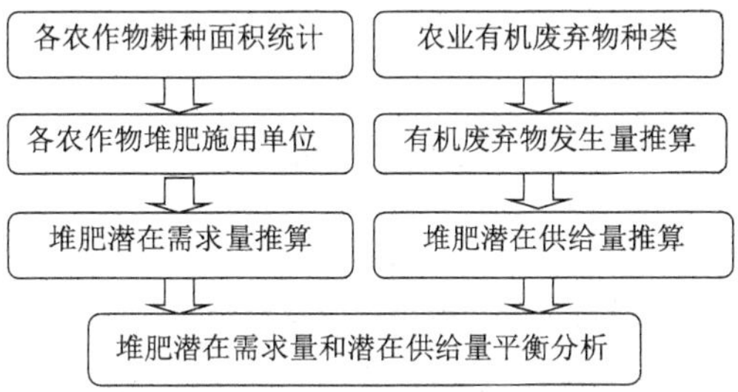


图 3-1　农业有机废弃物堆肥需求供给平衡分析流程

## 二、地域、农作物、农业有机废弃物的分类

1. 地域分类

中国的行政区域划分，以省（直辖市、自治区）、市（自治州、区）、县（自治县、街道）等三级编制单位进行。中国一般依据省、直辖市、自治区的特点进行环境计划的制定。本书中假定以省、直辖市、自治区为单位进行农业有机废弃物堆肥资源化利用。以各单位内的下级行政区域，市（自治州、区）、县（自治县、街道）为研究对象，进行农业有机废弃物堆肥需求供给平衡分析。

2. 农作物分类

在中国，由于地区的不同，农业种植也存在区别。根据中国各省、直辖市、自治区的农业特点，对各地区的普通农作物进行以下分类。我国的主要农作物有小麦、玉米、水稻、豆类、油料类、棉花、烟叶、中草药、植树（苗圃）、蔬菜、果树等。

3. 农业有机废弃物分类

根据中国各省、直辖市、自治区的农业特点，对我国的主要农业有机废弃物的产生源进行以下分类。我国主要的农业有机废弃物有小麦、玉米、水稻、豆类、油料类、棉花等各种农作物的秸秆及牛、马、驴、骡、猪、羊、家兔、鸡鸭鹅（以下简称家禽）等各种畜禽的粪便。

## 三、堆肥潜在需求量和潜在供给量的推算

1. 堆肥潜在需求量

各农作物对堆肥的潜在需求量是根据各种农作物耕种面积和各农作物的堆肥施用标准（以下简称施肥原单位）计算而出。本书根据式（3-1）对研究对象地区的堆肥潜在需求量进行计算。

$$D_i = A_i B_n \tag{3-1}$$

式中，$D_i$为堆肥潜在需要量，吨/年；$A_i$为作物的种植面积，公顷；$B_n$为作物的施肥原单位，吨/公顷；$n$为各种农作物；$i$为各区域。

式（3-1）中研究对象各区域各种农作物的种植面积 $A$ 依据各研究区域的统计年鉴。不同农作物对堆肥的需求存在差异，各农作物的施肥原单位 $B$ 对文献值[49]进行参考，各种农作物的施肥原单位如表 3-1 所示。

**表 3-1　各种农作物施肥原单位**　　单位：吨/公顷，湿基准

| 作物种类 | 夏收粮 | 秋收粮 | 油料类 | 果树类 | 蔬菜类 | 棉花 | 中药类 | 其他育林 |
| --- | --- | --- | --- | --- | --- | --- | --- | --- |
| 施用单位 | 10 | 10 | 15 | 20 | 20 | 15 | 20 | 20 |

2. 畜禽粪便堆肥潜在供给量

各区域各种畜禽的数量 $T_{ij}$ 乘以各种畜禽粪便的日发生量（以下简称发生原单位）$S_j$，再乘以年饲养天数计算出各畜禽生鲜粪便的年发生量。由于生鲜粪便在堆肥过程中经过发酵、干燥等过程制成符合国家标准的堆肥，从生鲜粪便转换为堆肥出现质量的减少，因此本书把堆肥的质量和生鲜粪便质量的比定义为堆肥率。不同的畜禽生鲜粪便含水量不同，因此各畜禽粪便存在不同的堆肥率，各畜禽生鲜粪便的年发生量乘以各畜禽粪便的堆肥率 $E_j$，计算出研究对象地区的畜禽粪便堆肥潜在供给量 $H_{ij}$，见式（3-2）：

$$H_{ij} = (T_{ij} \cdot S_j \cdot 365) E_j \tag{3-2}$$

式中，$H_{ij}$ 为畜禽粪便堆肥的潜在供给量，吨/年；$T_{ij}$ 为各区域各畜禽数量，头、只、羽；$S_j$ 为各畜禽粪便的发生原单位，千克/天；$E_j$ 为各畜禽粪便的堆肥率；$j$ 为各种畜禽；$i$ 为各区域。

研究对象地区各种畜禽的养殖数量 $T_{ij}$ 依据各研究区域的统计年鉴。不同畜禽粪便的发生原单位 $S_j$ 参考文献值[50]，各畜禽粪便的堆肥率 $E_j$ 利用文献值[51]进行计算。各畜禽的粪便发生原单位 $S_j$ 及堆肥率 $E_j$ 如表 3-2 所示。

**表 3-2　各畜禽的粪便发生原单位及堆肥率**

| 畜禽种类 | 乳牛 | 肉牛 | 马驴骡 | 猪 | 羊 | 家兔 | 家禽 |
|---|---|---|---|---|---|---|---|
| 发生原单位/（千克/天） | 45 | 20 | 14 | 3 | 1.7 | 0.15 | 0.14 |
| 堆肥率/% | 40 | 40 | 40 | 40 | 60 | 60 | 60 |

注：堆肥率=生鲜畜禽粪便转换为堆肥的转换率（畜禽粪便堆肥质量/生鲜畜禽粪便质量）×100%

### 3. 各农作物秸秆堆肥潜在供给量

各农作物秸秆堆肥潜在供给量根据式（3-3）进行计算，由于农作物在收获期间秸秆基本处于干燥状态，符合堆肥含水量要求，因此可全量作为堆肥使用。各区域各种农作物收获量 $U_{ij}$ 乘以各农作物秸秆发生系数 $V_j$（秸秆的发生量/农作物收获量），算出各农作物秸秆堆肥潜在供给量 $P_{ij}$。

$$P_{ij} = U_{ij} \cdot V_j \tag{3-3}$$

式中，$P_{ij}$ 为秸秆堆肥的潜在供给量，吨/年；$U_{ij}$ 为农作物收获量，吨/年；$V_j$ 为各秸秆发生系数；$j$ 为各种农作物；$i$ 为各区域。

研究对象各区域各种农作物的收获量 $U_{ij}$ 依据各研究区域的统计年鉴。各种农作物的秸秆发生系数 $V_j$ 参考文献值[50]进行计算，各种农作物的秸秆发生系数如表 3-3 所示。

**表 3-3　各种农作物秸秆发生系数**

| 作物秸秆 | 大麦（小麦） | 水稻 | 玉米 | 豆类 | 油类 | 棉花 |
|---|---|---|---|---|---|---|
| 发生系数/（吨/吨） | 1.0 | 1.0 | 1.5 | 3.0 | 2.0 | 4.0 |

注：作物秸秆发生系数=秸秆的发生量/农作物收获量

## 第三节　本 章 总 结

为促进农业有机废弃物堆肥的效率化利用，对以地区为单位的农业有机废弃物堆肥的潜在需求量和潜在供给量的把握及需求供给平衡的分析非常重要。根据堆肥潜在需求量和各农业有机废弃物堆肥潜在供给量的计算公式，分别可对各研究对象区域的农业有机废弃物堆肥的潜在需求量和潜在供给量及需供比（潜在需求量/潜在供给量）进行计算，对需求供给平衡进行分析。另外，本书中研究模型也可根据各研究对象的特点对特定研究地区的组合进行考察分析。农业有机废弃物堆肥需求供给平衡分析模型的构成将为研究区域农业有机废弃物堆肥的效率化利用提供有效的科学依据。

# 第四章　河南省农业有机废弃物发生与利用状况

我国一般依据省、直辖市、自治区的特点进行环境计划的制定。作为分析事例，根据以下特点对河南省进行了选择。河南省是我国的农业主产区之一，农业有机废物堆肥潜在需求量巨大。河南省农业有机废弃物发生量充足，但农业有机废弃物作为资源没有得到充分利用。本书对河南省农业有机废弃物堆肥的潜在需求量、潜在供给量及需求供给平衡进行讨论，因此，对研究对象河南省地区的概况、各级行政区域的划分、农业生产状况、化学肥料的使用状况、农业有机废弃物的发生及利用状况的掌握非常必要。

## 第一节　河南省农业概要

### 一、河南省地理位置

河南省具体的地理位置介于北纬 31°23′～36°22′、东经 110°21′～116°39′之间，分别与河北省、陕西省、山西省、湖北省、山东省和安徽省相邻，省会是郑州市。河南省面积约 16.7 万平方千米、处于北亚热带与暖温带过渡区域。全省地势西高东低，平原占土地总面积的 55.69%，其余是山地和丘陵。

### 二、河南省的行政区域

河南省的行政区域有 17 个地级市和 1 个省辖市组成，地级市的下级行政区域分有市内各区、县级市和县组成。河南省的 17 个地级市分别是：郑州市、漯河市、许昌市、洛阳市、三门峡市、平顶山市、南阳市、信阳市、驻马店市、开封市、周口市、商丘市、新乡市、焦作市、安阳市、濮阳市、鹤壁市。1 个省辖市是济源市，济源市的下级行政单位不存在区、县级市和县，济源市的下级行政区域由街道办事处和镇组成。

## 第二节　河南省农业有机废弃物发生利用现状调查

### 一、河南省农业概况

河南省是我国现代化农业水平较高的省份之一，全省耕地 792.61 万公顷，占全国耕地总面积的 6.05%，是我国农业主产区之一。河南省兼有中国南北地区的气候特点，地区差异性显著，有利于多种植物的生长，农作物类型丰富。河南省主要农作物有小麦、水稻、玉米、花生、棉花、豆类、油料和各种蔬菜等。

河南省 2014 年创造了粮食生产“十一连增”和农民收入“十一连快”的佳绩。年粮食总产量达到 3490.6 万吨，同比增长 2%。总体来看，2014 年河南省现代农业建设稳中有升。全省新增设施耕地涨幅达到 8%以上，同比上升了 1.3%。近年来，河南省大力发展水果、中药材、食用菌、茶叶及花卉等特色农作物生产。在主要经济作物中，2014 年棉花种植面积及产量居全国第三，蔬菜面积为全国第二，食用菌产量连续三年位居全国第一。同时河南省农产品安全性也得到较大程度的提高。目前无公害农产品产地为 1256 个，通过农业部认定的无公害农产品为 708 种，经济收入超过 150 亿元，直接带动就业 380 万户。另外，近年农产品加工能力显著增强，截至 2014 年年底，全省农业产业化组织为 9200 家，其中国家级农业龙头企业 25 家，省级 343 家，主要加工产品集中在方便面、味精、肉类、调味品等。目前河南省农业标准化程度较往年有所提高，各类农业地方标准和技术规范 859 项，有 13 个县区被农业部确定为农业标准化综合示范区[52]。河南省的主要粮食农作物小麦和玉米如图 4-1 和图 4-2 所示。

图 4-1　河南省主要粮食农作物小麦

图 4-2　河南省主要粮食农作物玉米

## 二、河南省农业有机废弃物堆肥施用标准调查

由于河南省不存在农业有机废弃物的施用标准，有关堆肥的施用标准问题，对河南省农业厅土肥站，以及农业生产区域的新郑市土肥站和中牟县土肥站进行访问调研。另外，作者于 2010 年 10 月在日本广岛大学，参加日本土木学会环境系统委员会的论文发表会，对日本的各地区及自治体的农业有机废弃物堆肥的施用标准进行探讨。农业生产状况和气候条件与河南省近似的日本九州地区长崎县，年日照时间（长崎县约 2052 小时/年，河南省约 2100 小时/年），平均湿度（长崎县约 67%，河南省约 67%）等气候条件与河南省非常近似。另外，日本九州地区

的长崎县与河南省农业生产方式也相似，农作物以露天种植为中心，主要使用化学肥料，也是日本化学肥料污染较严重的地区之一。经过与河南省土肥站及河南省部分农业生产区域土肥站（中牟县和新郑市）的工作人员的讨论，得到长崎县堆肥标准在河南省进行农业施用的认可，施用标准如表 3-1 所示。

## 三、关于河南省农业有机废弃物发生和利用状况的实地调查

为充分掌握河南省的农业有机废弃物的发生及利用状况，作者等人于 2009 年 8 月和 2010 年 4 月对河南省实施实地调研。调研对象主要有河南省堆肥生产企业负责人、养殖场负责人、养殖农户、种植农户等，调研内容主要有农业有机废弃物的发生、利用及堆肥的生产状况等。调研参与人员主要有作者（时任日本东洋大学博士后期课程学生）、东洋大学（日本）教授北脇秀敏、河南省土肥站研究员申眺、中牟县土肥站工作人员陈东辉和任智永、新郑市土肥站工作人员李建峰等。

### 1. 河南省堆肥工厂现场调研

为充分了解河南省的农业有机废弃物堆肥的生产运营状况，2009 年 8 月对部分具有本地代表性的堆肥企业进行现场调研。本次调研主要参与人员有作者（时任日本东洋大学博士后期课程学生）、东洋大学（日本）教授北脇秀敏等。参与现场调研的部分人员如图 4-3 所示。

图 4-3　堆肥工厂现场调研参与人员[作者（左一）、北脇秀敏教授（左二）]

本次现场调研内容有堆肥生产、堆肥原料、销售状况等。调研堆肥生产企业

为洛阳启禾生态农业科技责任有限公司，该企业堆肥生产线由郑州大学化工学院环境与生态研究所研究开发，该企业堆肥生产的原料、发酵、造粒及主要产品如图 4-4～图 4-6 所示。

图 4-4　调研企业堆肥生产部分原料（酒糟、食品生产残渣等）

图 4-5　堆肥发酵、干燥、造粒

图 4-6　有机无机复合肥料产品

洛阳启禾生态农业科技责任有限公司隶属民营企业，堆肥生产能力约 2 万吨/年，主要生产烟叶专用复合肥料。主要原料有畜禽粪便、酒糟、食品生产残渣及化学肥料等。因为酒糟和食品生产残渣可作为养殖业的饲料使用，在当地属于有价流通商品。该企业的烟叶专用复合肥料生产，所使用的农业有机废弃物畜禽粪便仅占原料的 5%。该企业主要产品为有机无机复合肥料，肥料中氮（N）、磷（$P_2O_5$）、钾（$K_2O$）的含量是农业有机废弃物堆肥的数倍以上。现场调研得知，大多堆肥企业为减轻堆肥施用中的劳动力消耗、提高堆肥的附加价值、扩大堆肥的流通范围、提高堆肥产品的效益，大部分堆肥企业仅使用部分农业有机废弃物。

河南省作为中国主要的农业产区之一，农业有机废弃物的产生量和农业有机废弃物堆肥的潜在需求量巨大，但是农业有机废弃物堆肥利用还处于较低的状态。农业有机废弃物堆肥，对比调研企业生产的有机无机复合肥料，农业有机废弃物堆肥中的氮（N）、磷（$P_2O_5$）、钾（$K_2O$）含量较低、流通范围较小，但是对推动循环农业的发展意义重大。因此，切合实际地充分掌握河南省各区域对农业有机废弃物堆肥的需求和供给能力是提高其农业利用的基础。

2. 河南省农业有机废弃物的发生及利用状况现场调研

2010 年 4 月关于农业有机废弃物的发生及利用状况，在河南省多地进行现场调研。访问人员主要有新郑市、许昌市、叶县等地的养殖场负责人、各地土肥站工作人员、养殖农户、种植农户等，主要采取提问听取的方式对各地农业有机废弃物的发生和利用状况进行调查。

1）河南省畜禽养殖状况调查

实地调研区域养殖业发达，各种畜禽粪便等农业有机废弃物充分存在。许昌市养猪场内部及猪粪堆放状况如图 4-7 和图 4-8 所示。

调研区域的畜禽养殖业的粪便，普遍采用养殖场空地或农家庭院内自然发酵或自然干燥后直接还田。具体方法有：生猪多数采用干清粪，堆积自然发酵后施肥；肉鸡多数为地面平养，有垫料，一次清出堆积自然发酵后施肥；蛋鸡多数笼养，粪便自然干燥后施肥；肉牛和奶牛一般采取散栏式饲养，粪便晾晒后用于双孢菇种植较多，也有部分用于销售。但由于近年畜禽粪便的利用处于低迷状态，如图 4-8 所示，畜禽粪便排出后任意堆放的现象也较为普遍。

图 4-7　养猪场内部

图 4-8　猪粪的堆放

根据《河南统计年鉴》[53]统计，2015 年年末，河南省畜禽存栏总数约 70000 万头（只、羽），其中大牲畜（包括牛、马、驴、骡）约 1120 万头，占全省畜禽存栏总数的 1.60%。大牲畜中役畜约 370 万头，占全省畜禽存栏总数的 0.53%。猪约 4550 万头，占全省畜禽存栏总数的 6.50%。羊约 4410 万只，占全省畜禽存栏总数的 6.30%。家禽约 57000 万羽，约占全省畜禽存栏总数的 81.40%。家兔约 2940 万只，占全省畜禽存栏总数的 4.20%。从数量上来讲，河南省以家禽饲养为主。河南省各种畜禽存栏数量占畜禽存栏总量的比例如图 4-9 所示。

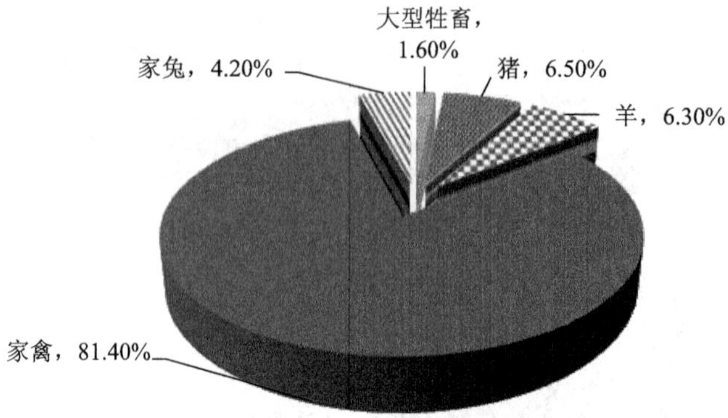


图 4-9　河南省各种畜禽存栏比例（2015 年）

根据《河南省 2006～2020 年建设社会主义新农村规划纲要》[54]和《河南省畜牧业发展"十二五"规划》[55]中的畜禽养殖业发展目标。河南省要积极发展现代畜牧业，加快优质畜产品生产与加工基地建设步伐。突出发展奶业生产，积极发展猪禽生产，加快发展肉牛肉羊生产。推进黄河滩区绿色奶业示范带、京广铁路沿线生猪产业带、中原肉牛肉羊产业带、豫北肉蛋鸡和豫南水禽等优势区域开发。围绕龙头企业和优势区域建设基地，着力培育 40 个畜牧业重点县。健全动物防疫体系，实施重大动物疫病防控工程。2020 年基本实现农户养殖小区化，主要畜禽规模养殖比例达到 90%以上。畜牧业技术装备水平更加先进、产品质量与结构更加优化、产业链条更加完善、生产与生态更加和谐，畜牧业现代化水平不断提高，畜牧业生产能力大幅度提高。

2）河南省农作物秸秆状况调查

河南省产生秸秆的农作物主要有小麦、水稻、玉米、薯类、棉花、油料等。河南省是中国小麦主产区，大田生产主要以小麦和玉米为主。小麦和玉米秸秆约占各种秸秆年发生量的 80%。由于秸秆利用途径狭窄和综合利用技术相对滞后，大量秸秆被丢弃。为防止秸秆直接焚烧，收获季节要进行大量的宣传，如图 4-10 所示。燃烧秸秆对大气环境造成影响，沿路区域可能会影响到行车安全和道路通行能力，也是造成近年雾霾较为严重的原因之一。

目前在河南省秸秆利用的方式中，直接还田和作生活燃料的比例还比较大，作饲料（过腹还田）和进行生物堆沤生产堆肥的比例还比较少。由于秸秆大量剩余，如图 4-11 所示，在当地经过运输转移到其他地区使用的情况也较为常见。秸秆直接还田虽然实现了农业资源的循环利用，但利用层次较低。还有部分秸秆被遗弃在田边地头，造成了农业面源污染。从循环农业及生态农业发展的要求出发，应提高秸秆的利用效率，实现秸秆的多层次循环利用。

图 4-10　防止秸秆违法焚烧

图 4-11　秸秆移动运输

秸秆是主要的农业有机废弃物，是农作物收获后留下的富含纤维成分的农作物残留物，是农作物的主要副产品，是自然界中数量极大且具有多种用途的可再生生物质资源[56]。我国是农业大国，农作物秸秆资源非常丰富，据统计目前每年产生的各类秸秆总量约 7 亿吨[57]，河南省是农作物秸秆资源大省，每年各种秸秆产量约 8000 万吨，在全国各省份中占据比例最高[40]。

## 四、小结

根据 2009 年 8 月和 2010 年 4 月，在河南省多地进行的堆肥企业生产状况和农业有机废弃物发生及利用状况的现场调研，总结如下。

根据对堆肥企业进行的现场调研可知，大多堆肥企业为减轻堆肥施用中的劳动力消耗、提高堆肥的附加价值、扩大堆肥的流通范围、提高堆肥产品的效益，大部分堆肥企业仅使用部分农业有机废弃物。

根据对农业有机废弃物的发生及利用状况现场调研可知，河南省主要农业有机废弃物秸秆和畜禽粪便发生量充足，秸秆非法燃烧和任意堆放较为严重。河南省的农业有机废弃物堆肥资源化利用还处于较低的状态。河南省是我国重要的粮食主产区，也是秸秆资源大省。秸秆也被称为堆肥的水分调节材料，和含水量较多的畜禽粪便混合堆肥效果更为理想。发展秸秆堆肥还田是解决剩余秸秆任意堆放和违法燃烧的关键。

河南省畜禽粪便的年产量在全国各省市中排列首位[41]，特别是猪粪排出量在全国最高，占全国总猪粪排出量的 8.74% [58] 。近年来，河南省积极发展现代畜牧业，加快优质畜产品生产与加工基地建设步伐，同时养殖数量也不断增加。河南省有着充足的畜禽粪便排出量，但畜禽粪便的堆肥效率化循环利用却处于低迷状态。畜禽养殖业的粪便，普遍采用养殖场空地或农家庭院内自然发酵或自然干燥后直接还田，真正用于效率化堆肥利用比例较小。畜禽粪便的不合理处理不但污染环境而且浪费资源。为提高畜禽粪便堆肥的效率化利用，对以地区为单位的畜禽粪便堆肥潜在需求量和潜在供给量的把握以及需求供给平衡研究非常关键，也是提高河南省整体堆肥利用效率的必经之路。

## 第三节　河南省化学肥料使用状况及环境影响

### 一、河南省化学肥料的使用状况

1. 化学肥料的历史

化学肥料 1843 年 7 月 1 日诞生于英国[59]。化学肥料被称为农作物增收的钥匙，化学肥料的诞生对人类粮食生产的贡献有目共睹。近年来，由于化学肥料的生产量猛增且价格便宜，因此人们逐渐对施用中消耗大量劳动力的农业有机废弃物堆肥敬而远之[60]。中华人民共和国成立初期化学肥料的生产量较少，农作物生长主要依赖于有机废弃物堆肥，在肥料施用的比例中化学肥料仅占 5%，堆肥施用所占比例高达 95%。随着化学肥料生产的逐步扩大，20 世纪七八十年代化学肥料和堆肥的施用比例各占 50%左右，处于较均衡的状态。进入 80 年代后，我国化学肥料的生产量急速上升，化学肥料的施用比例也不断增加。进入 21 世纪后，化学肥料的施用比例已经高达 95%以上。比较农业有机废弃物堆肥，化学肥料具有效果稳定、施用方便、节省劳动力等优点。近年来化学肥料的产量不断提高，价格趋于稳定而且购买方便。这些都是化学肥料施用比例不断增加的主要原因。

2. 河南省化学肥料的使用状况

文献[61]记载，河南省最早的化学肥料施用是在 1927 年。中华人民共和国成立初期化学肥料主要是依靠进口，因此在当时化学肥料属于紧俏商品。农业生产以施用有机肥为主，粮食收获难以保障人们的基本生活需求。1958 年河南省第一家化学肥料厂（开封化肥厂）成立，其生产能力仅能满足河南省部分需求量。1980 年以后，我国进入了以化学肥料为主、化学肥料与堆肥配合施用的阶段。也就是从这时候开始，我国各种农产品的产量才得以大幅度提高，人们的基本生活才得到保证。过去几十年，化学肥料在河南省、全国乃至全球的农业生产中发挥了重要作用。据联合国粮食及农业组织的有关统计资料表明，在提高农作物单产的前提下，化学肥料对粮食的增产所起的作用占 40%～60%。河南省的化学肥料用量从 1980 年的 72.52 万吨猛增到 2000 年的 420.71 万吨，增长了 4.8 倍。而同期单位面积粮食产量也由 1980 年的 2430 千克/公顷，增加到 2000 年的 4542 千克/公顷，增长了 0.87 倍。其他如棉花、油料、瓜菜、水果、糖料、茶叶、烟草等产量都有了几十倍、上百倍或数百倍的增长。但在随后的几年中出现了徘徊，增长的速度明显变慢。2005 年以后，增长速度又有所增长。近年，河南省化学肥料的生产及使用量快速增长，河南省近年农地面积、化学肥料的施用量、化学肥料平均施用量变化[42]如表 4-1 所示。

**表 4-1　河南省近年农地面积、化学肥料的施用量、化学肥料平均施用量变化**

| 年份 | 种植面积/万亩 | 化学肥料折纯施用量/万吨 | 化学肥料平均折纯施用量/（千克/亩①） |
| --- | --- | --- | --- |
| 1980 | 10692.15 | 72.52 | 6.78 |
| 1985 | 10549.80 | 143.58 | 13.61 |
| 1990 | 10399.80 | 213.18 | 20.50 |
| 1995 | 10208.70 | 322.21 | 31.56 |
| 2000 | 10312.95 | 420.71 | 40.79 |
| 2001 | 10360.95 | 441.73 | 42.63 |
| 2002 | 10894.20 | 467.89 | 43.03 |
| 2003 | 10780.80 | 468.83 | 43.40 |

① 1 亩≈666.67 平方米

续表

| 年份 | 种植面积/万亩 | 化学肥料折纯施用量/万吨 | 化学肥料平均折纯施用量/（千克/亩） |
|---|---|---|---|
| 2004 | 10766.40 | 493.16 | 45.81 |
| 2005 | 10801.80 | 518.14 | 47.97 |
| 2006 | 10803.60 | 540.43 | 50.02 |
| 2007 | 10802.80 | 570.66 | 52.83 |

统计数据中可以看到，河南省化学肥料施用量和化学肥料施用强度呈逐年上升趋势。1980 年河南省化学肥料施用量为 72.52 万吨，到 2007 年化学肥料的施用量已经达到 570.66 万吨。在 1980～2007 年这 27 年中化肥总用量增加了 498.14 万吨，增长了 6.87 倍，每年平均递增 29%。1980 年化肥施用强度平均为 6.78 千克/亩，2007 年化肥施用强度平均为 52.83 千克/亩，是 1980 年的 7.8 倍，耕地面积 27 年来变化较小，因此化学肥料增长趋势和化学肥料施用总量相同，每年平均递增 28.8%。目前河南省的化肥施用强度仍处于上升趋势中。

2007 年，单质氮肥（N）239.96 万吨、磷肥（$P_2O_5$）110.09 万吨、钾肥（$K_2O$）55.45 万吨，单质氮、磷、钾肥比例为 1∶0.46∶0.23，亩均化学肥料投入 52.83 千克。化学肥料总量居全国首位，亩均施用量居全国第四位。据河南省土肥站在该省 45 个地力监测点数据测算氮盈余、磷素基本持平、钾素亏缺，监测点平均氮素（N）盈余 1.73 千克/亩、磷素（$P_2O_5$）略亏缺 0.30 千克/亩、钾素（$K_2O$）亏缺 8.04 千克/亩。大量的化学肥料投入，对保证粮食安全、促进农业增效和农民增收发挥了巨大作用。但是，河南省化学肥料施用由于存在养分结构失衡，地区之间、作物之间分配不均等问题，加之部分地方农民盲目施肥、过量施肥，造成肥料利用率偏低，氮肥当季利用率平均不足 30%，不但造成养分挥发流失、资源浪费，而且导致农业面源污染加剧。同时，氮肥的不合理施用，也导致蔬菜、水果中的硝酸盐、亚硝酸盐等累积，影响农产品质量安全，危及广大消费者的身体健康。

氮肥的主要品种为尿素和碳酸氢铵，各占氮肥施用总量的 48.0%和 37.4%，合计占氮肥施用总量的 85.4%。磷肥的主要品种为过磷酸钙和钙镁磷肥，各占磷肥施用总量的 80.5%和 18.3%，合计占磷肥施用总量的 98.8%。

化学肥料施用强度是指一年内单位耕地面积的化学肥料施用量，是反映化学肥料污染负荷的主要指标，按折纯化学肥料施用量计算。国家为防止水土污染设置的安全标准为 15 千克/亩，2005 年全国平均化学肥料施用强度为 25.5 千克/亩，居全球第四位。2005 年全球平均化学肥料施用强度为 7.7 千克/亩，最高化学肥料施用强度为 62.3 千克/亩。2005 年河南省化学肥料施用强度为 48 千克/亩，是全国平均水平的 1.9 倍，全球平均水平的 6.2 倍，为世界最高水平的 77%。

从河南省情况看，各地市化学肥料的分配和使用不均，施用强度最低的为三门峡市，平均施用强度为 36.80 千克/亩，而施用强度最高的焦作市已经达到了 76.30 千克/亩，比最低的三门峡市高出了 1 倍。各市化学肥料施用情况如表 4-2 所示。

**表 4-2　2007 年河南省各地区化学肥料施用状况统计表**

| 市地名称 | 年底常用耕地面积/万亩 | 折纯化肥施用量/吨 | 氮肥/吨 | 磷肥/吨 | 钾肥/吨 | 化肥施用强度/（千克/亩） |
|---|---|---|---|---|---|---|
| 郑州市 | 444.84 | 227485 | 82684 | 44994 | 19320 | 51.10 |
| 开封市 | 591.06 | 261564 | 123243 | 53487 | 26613 | 44.30 |
| 洛阳市 | 534.57 | 209113 | 83297 | 40203 | 21035 | 39.10 |
| 平顶山市 | 469.37 | 306084 | 129201 | 59649 | 22668 | 65.20 |
| 安阳市 | 591.78 | 337037 | 155908 | 50666 | 26981 | 57.00 |
| 鹤壁市 | 144.38 | 58164 | 28617 | 11299 | 3713 | 40.30 |
| 新乡市 | 604.61 | 436962 | 216969 | 85873 | 32829 | 72.30 |
| 焦作市 | 272.48 | 207989 | 83283 | 30762 | 7885 | 76.30 |
| 濮阳市 | 371.81 | 251670 | 117367 | 61065 | 20892 | 67.70 |
| 许昌市 | 488.24 | 201704 | 79861 | 37466 | 19723 | 41.30 |
| 漯河市 | 248.60 | 139141 | 66024 | 20715 | 8639 | 56.00 |
| 三门峡市 | 244.91 | 90156 | 27395 | 12593 | 10981 | 36.80 |
| 南阳市 | 1411.89 | 759741 | 290686 | 160997 | 90314 | 53.80 |
| 商丘市 | 999.90 | 500988 | 184540 | 96508 | 85833 | 50.10 |
| 信阳市 | 852.96 | 409891 | 235501 | 91309 | 27027 | 48.10 |
| 周口市 | 1239.11 | 661173 | 320282 | 139876 | 59048 | 53.40 |
| 驻马店市 | 1240.91 | 624433 | 164376 | 98439 | 68459 | 50.30 |
| 济源市 | 52.20 | 23346 | 10334 | 4988 | 2561 | 44.70 |
| 全省合计 | 10803.62 | 5706641 | 2399568 | 1100889 | 554521 | 52.66 |

## 二、化学肥料的环境影响

在作物生长中，农田养分被植物利用很少。氮肥利用率为 30%～35%、磷肥为 10%～20%、钾肥为 35%～50%。随着化学肥料用量的快速增加，在使农田养分平衡，总体状态改善的同时，作为主要施肥品种的氮和磷在一些地区已经表现出明显的养分盈余，而且趋势不断扩大。这不仅造成了氮肥的极大浪费和损失，也出现了肥效递减的现象，使得氮、磷肥增产作用下降，平均肥效降低 20%左右。即氮、磷肥使用增量但是产量不增加。与此同时，也对生态环境构成较大压力和危害。化学肥料造成的环境污染方式有以下几种。

（1）降雨或灌溉时，土壤中过剩的硝酸盐会造成地下水系或水域的污染，致使作物遭受肥害或使池塘中的鱼类窒息死亡。

（2）过量施用氮肥，使未被利用的氮素转化成气态氮，其中一氧化二氮排到大气层中有损臭氧层。

（3）长期施用化学肥料会恶化土壤性状、降低土壤肥力。各种生物营养元素随着化学肥料进入土壤以后会发生一系列重要变化。同时这些元素对土壤肥力有明显的影响，对土壤的性状和肥力表现出复杂的综合作用。主要包括导致土壤环境酸化或碱化、改变土壤化学性状、改变交换离子吸附作用、促使土壤有机质矿化或合成、活化或固定土壤营养元素、导致营养元素的拮抗或协同作用。

（4）化学肥料中过量的重金属成分积存在环境中，若被农作物吸收，会损害人体健康。

## 三、节约化学肥料推广农业有机废弃物的循环利用

节约化学肥料的主要措施是科学施用化学肥料、提高农作物产量、提高农产品品质和化学肥料肥料利用率、降低化学肥料用量、充分发挥化学肥料正面效用、努力避免化学肥料对环境可能造成的污染。

（1）强力推进测土配方施肥技术，从土壤供应和作物吸收两个层面上，优化施肥。根据作物的营养特性和土壤供肥特点，适量、适时供给作物养分，以提高作物对肥料养分的吸收和利用率。

（2）推广水肥偶合一体化施肥技术，提高肥料利用率。掌握作物需水需肥规律，按照不同作物不同时期对水和肥的不同需求，随时定量供应作物水分与肥料，以水促肥，提高肥料利用率。另外，可根据“肥随水来、肥随水去”的原理，将肥料溶解在微灌水中，随着微灌水进入作物根际环境，直接与根系接触，为作物吸收利用。

（3）推广化学肥料深施技术，减少肥料对大气的污染。为提高氮肥料利用率、充分发挥氮肥肥效、降低挥发的损失量，旱地追肥要条施、穴施、深施覆土。磷肥、钾肥宜适当集中、深施，以便根系的吸收。

（4）改进施肥机具和施肥方法，建立良好的耕作制度。肥料深施是防止肥料中各种养分损失的一个重要措施，为此需要改进施肥机具，同时采用合理的轮作方式，也是充分利用土壤养分、减少营养物质流失的重要途径。

（5）开发化学肥料新品种，改进化学肥料制造工艺，提高化学肥料使用效率。大力研制开发能够根据作物营养阶段的不同需要，控制释放养分的新型化学肥料。

（6）有机、无机肥配合施用，走生态农业道路。堆肥养分齐全，且含有丰富的有机质，属于缓效性肥料，可以改善土壤理化性质，提高土壤的保肥能力和肥力水平，起到延长化学肥料肥效、减少化学肥料损失等作用。要充分利用现有农业有机废弃物堆肥资源，走有机与无机相结合的生态农业的道路。

（7）开展养分资源的综合管理技术研究，综合利用土壤、化学肥料、堆肥和环境所提供的所有养分。由于对养分资源综合管理缺乏研究，资源利用效率不高，环境风险增大，化学肥料使用方面存在着用量过大、肥效偏低、养分配比和肥料品种结构不合理、地区和作物之间分配不均衡等问题。严重制约了养分资源的高效利用，同时，也对生态环境产生了不利的影响。

（8）鼓励农户使用配方肥，并对使用配方肥的农户进行补贴。配方肥是测土配方施肥技术的物质载体，使用配方肥是推广测土配方施肥技术最简捷、最有效的途径。积极引导、支持肥料企业加快发展适合不同土壤、不同作物特点的专用肥、缓释肥，优化肥料结构，并鼓励和促进农民使用配方肥。

（9）大力推广秸秆还田，减少化学肥料使用量。小麦、玉米等农作物秸秆常年机械粉碎还田，可增加土壤有机质含量、培肥地力、减少化学肥料使用量。玉米秸秆机械粉碎还田相当于每亩施肥 5 千克，小麦、水稻秸秆机械粉碎还田相当于每亩施肥 2.5 千克。

（10）实施高速堆肥工程，促进畜禽废弃物堆肥资源化利用。据测算，目前河南省畜禽养殖产生的生鲜粪便每年约 1.3 亿吨，可以制造堆肥约 7000 万吨，可替代各种化学肥料约 70 万吨（折纯）。

通过上述措施，节约化学肥料的施用，改善河南省化学肥料施用过量和改良农业土壤的现状，提高农业有机废弃物堆肥资源化循环利用意义重大。

# 第四节　河南省主要农业有机废弃物种类和发生利用状况

## 一、河南省主要农业有机废弃物

河南省约有 1500 年的农业有机废弃物堆肥施用历史。中华人民共和国成立初期因为河南省没有化学肥料生产，因此主要是依靠畜禽粪便、秸秆、屎尿及生活有机性垃圾进行简单发酵后进行农地施肥[50]。近年，随着化学肥料大量生产及价格稳定、效果显著等特点，河南省农业对化学肥料的依赖越来越强。随着化学肥料的使用过剩对环境的影响得到了社会的认识，利用有机废弃物堆肥不但促进循环农业的发展，而且可以改良土壤、维护自然环境。中国有大量的有机废弃物资源没有得到充分利用，文献[33]显示我国每年的生活垃圾中的有机物质和畜禽粪便、秸秆等有机废弃物可制造 1.5 亿吨商品堆肥，可以节省 2500 亿元人民币。有机废弃物堆肥的农业利用具有改良土壤、维持农地肥沃、提高农作物质量和收获量、减少化学肥料的施用等特点。对维护农业生产环境和推动循环农业的发展值得期待。

有机废弃物的种类繁多，主要有生活有机性垃圾、屎尿、排水污泥、食品生产行业的有机性残渣及农业有机废弃物中的畜禽粪便和秸秆等。由于河南省未对生活垃圾进行分类排出，屎尿和排水污泥存在重金属等问题。另外，食品行业的残渣在当地一般是作为畜禽养殖业的饲料进行销售，以上有机废弃物制造堆肥存在一定困难。因此，本节对各种畜禽粪便以及各种农作物秸秆等农业有机废弃物进行讨论。

## 二、河南省主要农业有机废弃物的发生和利用状况

### 1. 河南省各种农作物秸秆的发生利用状况

秸秆是籽实收获后留下的富含纤维成分的农作物残留物，是农作物生产的主要副产品，是具有多种用途的可再生生物质资源，主要包括小麦、水稻、玉米、薯类、油料、棉花等农作物的秸秆[62]。我国是农业大国，据统计目前每年产生的各类秸秆总量约有 7 亿吨。河南省是我国的粮食主产大省，河南省各种农作物秸秆每年产量约占全国秸秆总产量的 11%[40]。但是秸秆综合利用仍然存在利用率低、产业链短和产业布局不合理等问题。由于秸秆利用途径狭窄和综合利用技术相对

滞后，大量秸秆被丢弃或在田间直接焚烧，资源变成了污染源，造成了巨大的资源浪费和环境污染[63, 64]。合理利用秸秆资源对节约资源、保护环境、增加农民收入、实现农业可持续发展具有重要的现实意义。

1）河南省秸秆的环境影响状况

（1）污染空气。秸秆是河南省豫东、豫南地区传统的生活燃料[42]。还有个别地区对未被利用的秸秆，直接在田间进行焚烧，对大气环境造成影响。

（2）生态环境影响。秸秆对生态环境的影响包括两个方面，一是作为生活燃料的秸秆常常被随意堆放在村庄住房旁边，秸秆散落四周，影响村庄环境卫生和景观；二是秸秆被燃烧或作为工业原料后，打破了农田生态系统的物质循环平衡，造成养分失调，需增施化学肥料量，对土壤生态系统造成影响。

根据文献[42]可计算出近年河南省秸秆使用状况的比例如下：畜禽养殖业饲料用约占总秸秆量 28%，工业原料用约占总秸秆量 9%，生活燃料用约占总秸秆量 10%，用作蘑菇种植等其他用途的约占总秸秆量 3%，剩余约 50%可作为堆肥生产使用。

2）河南省秸秆的发生利用状况

统计年鉴中不存在秸秆的发生量，根据各种农作物产量和各种农作物秸秆的发生系数（秸秆发生量/作物的产量）对河南省各地区的秸秆发生量进行计算。

河南省的各农作物的产量依据河南省统计年鉴[53]，根据表 3-3 的各农作物秸秆发生系数，对河南省各地级市及省辖市的各种农作物秸秆发生量进行计算，计算结果如表 4-3 所示。河南省 2015 年秸秆的发生总量约 8064.43 万吨/年。其中粮食作物的秸秆年发生量最高，约 6766.77 万吨/年，占发生总量的 83.91%以上。各市所占比例情况，其中周口市产生量最大，占全省秸秆产生量的 11.54%，其次是驻马店市、信阳市、南阳市、商丘市均占全省秸秆产生量的 10%以上。所占比例最低的是济源市，约占 0.26%，由于该市是河南省唯一的省辖市，种植面积和各种农作物种植量均少于其他各地级市。

**表 4-3 河南省各地区各种农作物秸秆发生量和所占比例（2015 年）** 单位：万吨/年

| 市地名称 | 夏收粮 | 秋收粮 | 豆类 | 油料 | 棉花 | 总计 | 比例/% |
|---|---|---|---|---|---|---|---|
| 郑州市 | 82.55 | 85.05 | 4.06 | 14.21 | 0.63 | 186.50 | 2.31 |
| 开封市 | 208.46 | 96.42 | 19.01 | 86.88 | 8.73 | 419.50 | 5.20 |
| 洛阳市 | 116.56 | 132.81 | 37.77 | 28.04 | 1.04 | 316.22 | 3.92 |
| 平顶山市 | 122.78 | 84.28 | 5.79 | 35.25 | 0.76 | 248.86 | 3.09 |

续表

| 市地名称 | 夏收粮 | 秋收粮 | 豆类 | 油料 | 棉花 | 总计 | 比例/% |
| --- | --- | --- | --- | --- | --- | --- | --- |
| 安阳市 | 205.03 | 177.31 | 2.47 | 22.55 | 3.05 | 410.41 | 5.09 |
| 鹤壁市 | 73.31 | 74.23 | 0.92 | 2.78 | 0.07 | 151.31 | 1.88 |
| 新乡市 | 253.97 | 193.13 | 10.12 | 28.06 | 2.92 | 488.20 | 6.05 |
| 焦作市 | 117.75 | 142.50 | 3.44 | 7.01 | 1.15 | 271.85 | 3.37 |
| 濮阳市 | 181.79 | 127.24 | 17.56 | 14.80 | 0.67 | 342.06 | 4.24 |
| 许昌市 | 184.92 | 149.60 | 23.23 | 29.37 | 6.46 | 393.58 | 4.88 |
| 漯河市 | 105.45 | 73.09 | 7.84 | 4.01 | 7.64 | 198.03 | 2.46 |
| 三门峡市 | 33.23 | 30.06 | 16.97 | 12.40 | 0.48 | 93.14 | 1.15 |
| 南阳市 | 440.19 | 244.82 | 26.26 | 190.63 | 12.08 | 913.98 | 11.33 |
| 商丘市 | 477.66 | 271.43 | 30.85 | 47.63 | 8.01 | 835.58 | 10.36 |
| 信阳市 | 170.42 | 458.60 | 5.72 | 170.10 | 114.04 | 918.88 | 11.39 |
| 周口市 | 560.22 | 255.23 | 52.27 | 30.97 | 31.69 | 930.38 | 11.54 |
| 驻马店市 | 506.68 | 310.37 | 12.44 | 88.38 | 6.79 | 924.66 | 11.47 |
| 济源市 | 11.79 | 7.84 | 0.97 | 0.59 | 0.10 | 21.29 | 0.26 |
| 全省合计 | 3852.76 | 2914.01 | 277.69 | 813.66 | 206.31 | 8064.43 | 100.00 |

目前在河南省秸秆农田利用的方式中，直接还田比例较大，进行生物堆沤生产有机肥的比例还比较少。秸秆直接还田虽然实现了农业资源的循环利用，但利用层次比较低。还有部分秸秆被遗弃在田边地头，造成了农业面源污染。河南省有着丰富的秸秆产量，从循环农业及生态农业发展的要求出发，提高秸秆高效堆肥利用，对实现循环农业的发展意义重大[65]。

2. 河南省各种畜禽粪便的发生利用状况

河南是农业大省，也是畜禽养殖大省，主要养殖有乳牛、肉牛、猪、羊、马、驴、骡、家兔、家禽等。一直以来，河南省畜禽养殖具有一定的地域分布特点，以豫东商丘市和豫南周口市、驻马店市、信阳市、南阳市为主要养殖区，大牲畜（包括牛、马、驴、骡）、猪、羊、家禽、家兔的养殖总数占全省畜禽养殖总量的 48.18%。济源市、三门峡市及漯河市养殖规模较小，三市合计占全省畜禽养殖总量的 5.05%。其他中部各市比较均匀，养殖规模均占全省畜禽养殖总量的5%左右。

河南省是畜禽养殖大省，畜禽粪便的发生量巨大。各种畜禽粪便年产量约占全国的 8.74% [66]，在全国各省份中排列首位。畜禽粪便的不当处理会对环境造成很大影响，但是畜禽粪便中含有大量的有机物和氮、磷等营养元素，对其进行堆肥资源化利用，在促进循环农业发展和维护生态平衡方面有着关键作用[67, 68]。河南省畜禽粪便的发生量在全国占有较高的比例，根据文献[42]计算出河南省畜禽粪便的有效利用还处于较低的状态。畜禽粪便作为非常重要的农业利用有机资源，对其效率化利用的探究非常重要。

1）畜禽养殖污染

畜禽养殖业的畜禽粪便的主要环境污染除影响空气之外，畜禽粪便所产生的污染物随着生产及生活污水直接排向水体，对水体造成污染。畜禽粪便中的污染物通常以固态和少量液态废弃物的形式存在。表 4-4 是国家环保部推荐的畜禽粪便污染物进入水体的流失率。从表中可以看出，畜禽粪中含有的污染物流失率在 2.22%～6.16%之间，畜禽尿液中含有的污染物流失率为 50%左右。因此畜禽粪便发生后不及时处理不但会影响空气质量还会进一步污染水源。

**表 4-4　畜禽粪便污染物进入水体流失率**　　单位：%

| 项目 | | $BOD_5$ 流失率 | COD 流失率 | $NH_3$-N 流失率 | TP 流失率 | TN 流失率 |
|---|---|---|---|---|---|---|
| 牛 | 粪 | 4.87 | 6.16 | 2.22 | 2.22 | 5.68 |
| | 尿 | 50 | 50 | 50 | 50 | 50 |
| 猪 | 粪 | 6.14 | 5.58 | 3.04 | 5.25 | 5.34 |
| | 尿 | 50 | 50 | 50 | 50 | 50 |

20 世纪六七十年代，河南省畜禽养殖以散养为主，种养结合紧密，畜禽业对环境的压力很小。而进入 20 世纪 80 年代后，随着规模化的发展、农村城市化进程的加快，以及农作物生产越来越多地使用化学肥料，取代畜禽粪便等有机肥料。造成畜禽养殖与农业种植严重脱节，畜禽粪便的污染对环境的压力也越来越大。

2）河南畜禽粪便的发生利用状况

统计年鉴中不存在畜禽粪便的发生量，根据各种畜禽的养殖数和各种畜禽粪便的发生单位，对河南省各地区的各种畜禽生鲜粪便发生量进行计算。河南省各种畜禽的养殖数量依据河南省统计年鉴[53]，根据表 3-2 的各种畜禽粪便的发生单位，对河南省各地级市及省直辖市的各种畜禽生鲜粪便发生量进行计算，计算结果如表 4-5 所示。

表 4-5　河南省各地区各种畜禽生鲜粪便发生量（2015 年）　单位：万吨/年

| 市地名称 | 牛粪便 | 马粪便 | 驴粪便 | 骡粪便 | 猪粪便 | 羊粪便 | 家禽粪便 | 家兔粪便 | 总计 |
|---|---|---|---|---|---|---|---|---|---|
| 郑州市 | 389.28 | 4.44 | 7.99 | 5.97 | 181.69 | 70.81 | 80.55 | 5.23 | 745.96 |
| 开封市 | 669.92 | 8.65 | 15.27 | 13.08 | 322.20 | 217.14 | 73.13 | 7.36 | 1326.75 |
| 洛阳市 | 1032.04 | 2.08 | 4.60 | 2.03 | 208.89 | 95.85 | 61.15 | 67.48 | 1474.12 |
| 平顶山市 | 1139.02 | 8.92 | 9.09 | 8.05 | 260.72 | 141.34 | 74.73 | 7.03 | 1648.90 |
| 安阳市 | 304.52 | 4.05 | 19.44 | 5.91 | 163.74 | 86.09 | 92.45 | 9.15 | 685.35 |
| 鹤壁市 | 42.48 | 0.82 | 1.53 | 1.80 | 78.07 | 43.74 | 72.76 | 1.09 | 242.29 |
| 新乡市 | 528.34 | 13.58 | 26.67 | 13.53 | 242.11 | 90.30 | 99.33 | 5.50 | 1019.36 |
| 焦作市 | 323.90 | 0.27 | 0.66 | 0.00 | 162.12 | 49.43 | 73.03 | 3.76 | 613.17 |
| 濮阳市 | 287.66 | 8.70 | 12.98 | 6.03 | 159.99 | 103.23 | 92.65 | 5.04 | 676.28 |
| 许昌市 | 717.23 | 5.25 | 7.17 | 5.64 | 287.26 | 110.87 | 71.30 | 8.06 | 1212.78 |
| 漯河市 | 171.59 | 2.08 | 2.19 | 1.92 | 208.37 | 26.43 | 48.63 | 14.05 | 475.26 |
| 三门峡市 | 540.82 | 0.00 | 0.00 | 0.00 | 68.97 | 37.11 | 20.73 | 1.74 | 669.37 |
| 南阳市 | 3726.94 | 18.94 | 21.74 | 4.87 | 665.37 | 465.42 | 245.70 | 29.12 | 5178.10 |
| 商丘市 | 1324.62 | 4.27 | 10.29 | 4.05 | 394.25 | 482.37 | 127.13 | 2.38 | 2349.36 |
| 信阳市 | 992.18 | 0.55 | 0.82 | 0.11 | 335.87 | 110.81 | 138.39 | 1.27 | 1580.00 |
| 周口市 | 1628.04 | 2.35 | 4.16 | 2.08 | 530.38 | 342.87 | 115.06 | 7.97 | 2632.91 |
| 驻马店市 | 2156.38 | 20.26 | 23.16 | 7.56 | 702.13 | 290.82 | 142.87 | 21.76 | 3364.94 |
| 济源市 | 83.77 | 0.00 | 0.00 | 0.00 | 28.98 | 6.86 | 7.25 | 2.05 | 128.91 |
| 全省合计 | 16058.73 | 105.21 | 167.76 | 82.63 | 5001.11 | 2771.49 | 1636.84 | 200.04 | 26023.81 |

河南省 2015 年各种畜禽生鲜粪便的发生总量约 26023.81 万吨，其中牛生鲜粪便的年发生量约 16058.73 万吨，占发生总量的 61%以上。各市所占比例情况，其中南阳市各种畜禽生鲜粪便的发生量最大，约占全省发生量的 19.90%。其次是驻马店市约占全省发生量的 12.93%。所占比例最低的是济源市，约占全省发生量的 0.49%。济源市属于河南省唯一的省辖市，区域面积和各种畜禽的养殖数量均小于其他各地级市。

河南省的畜禽粪便综合利用率在 90%以上，但经过高温发酵制成各种有机肥产品进行销售的比例较小。河南省的畜禽粪便的主要利用方法如图 4-12 和图 4-13 所示，主要以经过干燥及简单发酵后还田和直接还田为主。另外，由于畜禽粪便的价值较低，向其他地区运输需要耗费大量的成本，因此一般选择发生地就近简单处理后使用。这也是河南省的畜禽粪便堆肥资源化率较低的主要原因之一。

图 4-12 畜禽粪便自然干燥

图 4-13 畜禽粪便的自然发酵

畜禽粪便中含有大量的氮、磷等营养物质，是营养丰富的有机肥原料。畜禽粪便的充分合理利用，是河南省农业可持续发展的基本保证。畜禽养殖应遵循以地定畜、种养结合的基本原则。将畜禽养殖场产生的废物作为农业生产的生产资料，根据土壤的环境容量，确定养殖规模，以保证畜禽养殖场产生的废物有足够的土地消纳。在污染防治工作中贯彻综合利用优先，工程治理为辅，体现减量化、生态化、资源化原则。运用生物技术、生物工程技术和高速堆肥技术，综合利用畜禽粪便，使畜禽粪便经过高温发酵后安全使用。走种植业与养殖业相结合的道路，通过无公害农产品、绿色食品、有机农产品的发展，加大畜禽粪便堆肥的使用量，从而促进循环农业的发展。

## 第五节 本 章 总 结

河南省是中国的粮食大省，粮食产量也由 1980 年的 2430 千克/公顷，增加到 2000 年的 4542 千克/公顷，增长了 0.87 倍。但是化学肥料用量从 1980 年的 72.52 万吨，猛增到 2000 年的 420.71 万吨，增长高达 4.8 倍，河南省的化学肥料使用强度已达到国家标准的 3 倍以上。

根据对堆肥企业进行的现场调研可知，大多堆肥企业为减轻堆肥施用中的劳动力消耗、提高堆肥的附加价值、扩大堆肥的流通范围、提高堆肥产品的效益，大部分堆肥企业仅使用部分农业有机废弃物。

另外，河南省畜禽粪便和秸秆等农业有机废弃物的发生量分别在我国各省份名列首位，但有效利用率却处于较低的状态。现阶段河南省秸秆和畜禽粪便等有机废弃物主要利用方法是直接还田或通过自然干燥和简单发酵后施用。农业有机废弃物主要是作为土壤改良剂进行使用，自然干燥和简单发酵制造的堆肥质量和利用效率较低，而且存在不利于流通和使用率较低等问题。秸秆被遗弃在田边地头，畜禽粪便的发生地任意堆放进行自然干燥和简单发酵，是造成农业面源污染的主要原因。堆肥生产中的污染处理、发酵、制品储存、流通等先进的系统管理形成是提高河南省农业有机废弃物利用的主要方向。提高农业有机废弃物堆肥的有效利用对推动循环农业的发展意义重大，充分掌握河南省各地区农业有机废弃物堆肥的需求与供给是探讨其系统化生产和效率化利用的基础。

# 第五章　河南省各地区农业有机废弃物堆肥需求供给平衡分析

本章假定河南省的 17 个地级市内的各市区、县级市、县和 1 个省辖市的各街道办事处、镇，进行农业有机废弃物堆肥的农业利用。根据第三章农业有机废弃物堆肥需求供给平衡分析模型，分别对以上各对象内的农作物对堆肥的理论最大需求量（以下简称潜在需求量）进行推算，对农业有机废弃物（畜禽粪便和秸秆）的发生量进行调查估算及转换为堆肥的理论最大供给量（以下简称潜在供给量）进行计算，对研究对象地区农业有机废弃物堆肥的需求和供给平衡及农业利用可能性进行定量分析，为河南省各区域农业有机废弃物堆肥的有效利用提供科学依据。

## 第一节　郑　州　市

### 一、郑州市地理位置和农业概况

1. 郑州市地理位置

郑州市位于中华腹地，九州之中，十省通衢。北临黄河，西依嵩山，东、南接黄淮平原，介于东经 112°42′～114°14′、北纬 34°16′～34°58′之间。郑州市是河南省省会，占地总面积 7446.2 平方千米，其中市区面积 1013.3 平方千米、中心城区建成区面积 243.3 平方千米。郑州市行政区域有金水区、二七区、中原区、管城区、惠济区、上街区，巩义市、登封市、荥阳市、新密市、新郑市，中牟县，由 6 区 5 市 1 县组成（以下简称各区域）。

2. 郑州市农业概况

郑州市 2013 年全年农作物总播种面积约 473.50 千公顷，土壤从西向东分布为红土壤、褐土、潮土等，其中以褐土和潮土面积最大，褐土占土壤面积的 64.4%，潮土占土壤面积的 30.17%。郑州市属于温带大陆性气候，平均年气温 14.4 摄氏度，平均年降水量 640.9 毫米，每年有 220 天无霜期，全年日照时间约 2400 小时，适合生长小麦、玉米、大豆、花生、棉花、红薯等农作物。小麦、玉米、油料和红薯等是目前种植的主要农作物。根据自然条件和生产特点，将郑州市各区域农业特点分为以下几个方面。

（1）郑州市的东南部，主要有中牟县东南部、新郑市东北部和管城区。该区域有良好的土壤理化性状和便利的灌溉条件，以生产粮食、花生、蔬菜、水果、大枣、西瓜、大蒜等农作物为主。

（2）位于黄河沿岸，主要有中牟县的东北部、惠济区北部。该区域地势平坦，水资源丰富，以发展水稻、小麦等粮食作物为主。

（3）郑州市周围，包括六区及中牟县的白沙镇、荥阳市等地。该区域土地肥沃，灌溉条件好，以生产各种蔬菜、水果、花卉及养殖业为重点。

（4）郑州市西部，包括新郑市、荥阳市、新密市的大部分地区，巩义市、登封市的部分地区。该区域以种植小麦、玉米、杂粮等粮食作物，棉花等经济作物和养殖业为重点。

（5）山区位于郑州市西部，由于海拔较高、土壤贫瘠，因此以林果业、中药材和畜牧业为发展重点。

## 二、郑州市各区域堆肥潜在需求量的计算

1. 郑州市各区域各农作物种植面积

根据文献[69]和对郑州市的现场调查，统计出郑州市 2013 年全年各农作物种植面积如表 5-1 所示。

**表 5-1　郑州市各区域各农作物种植面积**（2013 年）　　单位：千公顷

| 地区 | 夏收粮 | 秋收粮 | 油料类 | 果蔬类 | 棉花 | 总计 |
|---|---|---|---|---|---|---|
| 中原区 | 1.71 | 1.49 | 0.89 | 1.48 | 0.00 | 5.57 |
| 二七区 | 0.63 | 0.67 | 0.43 | 0.13 | 0.00 | 1.86 |
| 管城区 | 1.23 | 0.82 | 0.48 | 0.54 | 0.00 | 3.07 |
| 金水区 | 1.89 | 1.96 | 0.05 | 0.41 | 0.00 | 4.31 |

续表

| 地区 | 夏收粮 | 秋收粮 | 油料类 | 果蔬类 | 棉花 | 总计 |
|---|---|---|---|---|---|---|
| 上街区 | 1.40 | 1.59 | 0.20 | 0.09 | 0.00 | 3.28 |
| 惠济区 | 2.47 | 2.27 | 0.44 | 6.86 | 0.15 | 12.19 |
| 中牟县 | 25.14 | 34.35 | 19.38 | 39.99 | 2.44 | 121.30 |
| 巩义市 | 22.76 | 22.24 | 3.63 | 1.18 | 0.50 | 50.31 |
| 荥阳市 | 30.74 | 30.98 | 5.18 | 9.80 | 0.45 | 77.15 |
| 新密市 | 26.88 | 28.38 | 3.80 | 4.95 | 0.05 | 64.06 |
| 新郑市 | 28.67 | 27.39 | 11.01 | 7.90 | 0.04 | 75.01 |
| 登封市 | 22.98 | 26.18 | 3.58 | 2.16 | 0.49 | 55.39 |
| 郑州市 | 166.50 | 178.32 | 49.07 | 75.49 | 4.12 | 473.50 |

郑州市总体耕种面积约 473.50 千公顷。主要农作物秋收粮种植面积最高，约 178.32 千公顷，其次是夏收粮种植面积约 166.50 千公顷。各区域中耕种面积最多的是中牟县，耕种面积约 121.30 千公顷。其次是荥阳市，耕种面积约 77.15 千公顷。

2. 郑州市各区域各农作物堆肥潜在需求量

根据第三章式（3-1）和表 3-1 中各种作物的施肥原单位及表 5-1 郑州市各区域各农作物种植面积，计算出郑州市各区域各农作物的堆肥年潜在需求量，计算结果如表 5-2 所示。

**表 5-2　郑州市各区域各农作物堆肥潜在需求量**（2013 年）　单位：万吨/年

| 地区 | 夏收粮 | 秋收粮 | 油料类 | 果蔬类 | 棉花 | 总计 |
|---|---|---|---|---|---|---|
| 中原区 | 1.70 | 1.49 | 1.34 | 2.96 | 0.00 | 7.49 |
| 二七区 | 0.62 | 0.67 | 0.61 | 0.26 | 0.00 | 2.16 |
| 管城区 | 1.23 | 0.82 | 0.72 | 1.08 | 0.00 | 3.85 |
| 金水区 | 1.88 | 1.96 | 0.08 | 0.82 | 0.00 | 4.74 |
| 上街区 | 1.39 | 1.59 | 0.30 | 0.18 | 0.00 | 3.46 |
| 惠济区 | 2.46 | 2.27 | 0.66 | 13.72 | 0.23 | 19.34 |
| 中牟县 | 25.13 | 34.35 | 29.07 | 79.98 | 3.66 | 172.19 |
| 巩义市 | 22.75 | 22.24 | 5.45 | 2.36 | 0.75 | 53.55 |
| 荥阳市 | 30.73 | 30.98 | 7.77 | 19.60 | 0.68 | 89.76 |

续表

| 地区 | 夏收粮 | 秋收粮 | 油料类 | 果蔬类 | 棉花 | 总计 |
|---|---|---|---|---|---|---|
| 新密市 | 26.88 | 28.38 | 5.70 | 9.90 | 0.08 | 70.94 |
| 新郑市 | 28.67 | 27.39 | 16.52 | 15.80 | 0.06 | 88.44 |
| 登封市 | 22.97 | 26.18 | 5.37 | 4.32 | 0.74 | 59.58 |
| 郑州市 | 166.41 | 178.32 | 73.59 | 150.98 | 6.20 | 575.50 |

根据现场调查和依据当地的耕作习惯，按农作物品种及实际种植面积对各类农作物堆肥潜在需求量进行计算。郑州市各区域各农作物堆肥潜在需求总量约575.50万吨/年。其中潜在需求量最大的中牟县约172.19万吨/年，占全郑州市需肥总量的29.9%。二七区、管城区、金水区、上街区的种植面积相对较小，堆肥的潜在需求量合计约14.21万吨/年，仅占郑州市需肥总量的2.47%。郑州市各区域堆肥的潜在需求量存在较大的偏差。由总体数据可以看出，各农作物中潜在需求量最大的是秋收粮食作物和夏收粮食作物，其次是果蔬类作物。郑州市是河南省的省会，人口众多，对蔬菜的需求量较大，是果蔬类堆肥潜在需求量所占比例较高的主要原因。

## 三、郑州市各区域农业有机废弃物堆肥潜在供给量的计算

### 1. 郑州市各区域各畜禽粪便堆肥潜在供给量的计算

1）郑州市各区域各畜禽的养殖量

根据《郑州市统计年鉴》[69]，2013年年末，郑州市各种畜禽存栏总数3521.11万头（只、羽），各区域各种畜禽的存栏情况如表5-3所示。

**表5-3 郑州市各区域各畜禽存栏数量** 单位：万头（只、羽）

| 地区 | 牛 | 乳牛 | 马 | 驴 | 骡 | 繁殖猪 | 育肥猪 | 羊 | 家禽 | 家兔 | 总计 |
|---|---|---|---|---|---|---|---|---|---|---|---|
| 中原区 | 0.01 | 0.21 | 0.00 | 0.00 | 0.00 | 0.22 | 1.21 | 0.07 | 15.56 | 0.00 | 17.28 |
| 二七区 | 0.02 | 0.08 | 0.00 | 0.00 | 0.00 | 0.06 | 1.06 | 0.14 | 64.54 | 0.07 | 65.97 |
| 管城区 | 0.01 | 0.08 | 0.00 | 0.00 | 0.00 | 0.06 | 1.23 | 0.19 | 12.52 | 0.01 | 14.10 |
| 金水区 | 0.05 | 0.44 | 0.00 | 0.00 | 0.00 | 0.20 | 2.16 | 0.10 | 2.75 | 0.00 | 5.70 |
| 上街区 | 0.01 | 0.00 | 0.00 | 0.00 | 0.00 | 0.11 | 0.45 | 0.01 | 28.97 | 0.00 | 29.55 |
| 惠济区 | 0.02 | 0.88 | 0.00 | 0.00 | 0.00 | 0.20 | 2.27 | 0.13 | 157.10 | 0.07 | 160.67 |
| 中牟县 | 8.24 | 4.02 | 0.04 | 0.20 | 0.02 | 5.05 | 43.8 | 26.2 | 478.30 | 8.59 | 574.46 |

续表

| 地区 | 牛 | 乳牛 | 马 | 驴 | 骡 | 繁殖猪 | 育肥猪 | 羊 | 家禽 | 家兔 | 总计 |
|---|---|---|---|---|---|---|---|---|---|---|---|
| 巩义市 | 0.33 | 0.14 | 0.01 | 0.02 | 0.01 | 2.02 | 18.70 | 2.81 | 117.70 | 6.11 | 147.85 |
| 荥阳市 | 0.72 | 1.67 | 0.01 | 0.01 | 0.01 | 2.99 | 24.40 | 8.01 | 625.70 | 21.50 | 685.02 |
| 新密市 | 0.97 | 0.45 | 0.02 | 0.05 | 0.01 | 2.02 | 18.10 | 2.88 | 412.40 | 23.40 | 460.30 |
| 新郑市 | 1.53 | 0.70 | 0.00 | 0.02 | 0.00 | 4.55 | 33.80 | 3.09 | 954.60 | 2.01 | 1000.30 |
| 登封市 | 2.07 | 0.25 | 0.06 | 0.03 | 0.01 | 2.05 | 18.00 | 3.64 | 313.80 | 20.00 | 359.91 |
| 郑州市 | 13.98 | 8.92 | 0.14 | 0.33 | 0.06 | 19.53 | 165.18 | 47.27 | 3183.94 | 81.76 | 3521.11 |

如表 5-3 所示，郑州市大型牲畜，包括牛、马、驴、骡合计 23.43 万头，占全市畜禽存栏总数的 0.67%。猪 184.71 万头，占全市畜禽存栏总数的 5.25%。羊 47.27 万只，占全市畜禽存栏总数的 1.23%。家禽 3183.94 万羽，占全市畜禽存栏总数的 90.42%。家兔 81.76 万只，占全市畜禽存栏总数的 2.32%。从数量上来看，郑州市以家禽饲养为主。各区域中存栏数最大的是新郑市，各种畜禽存栏总数 1000.30 万头（只、羽），占郑州市总体的 28.41%。另外，荥阳市的存栏总数占郑州市总体的 19.45%、中牟县存栏总数占郑州市总体的 16.31%，也占有较高的比例。

2）郑州市各区域各畜禽粪便堆肥潜在供给量

根据第三章式（3-2）和表 3-2 中各种畜禽粪便的发生原单位及堆肥率，以及表 5-3 郑州市各区域各畜禽的存栏数量，计算出郑州市各区域各畜禽粪便堆肥的年潜在供给量，计算结果如表 5-4 所示。

**表 5-4　郑州市各区域各畜禽粪便堆肥潜在供给量**（2013 年）　单位：万吨/年

| 地区 | 牛 | 乳牛 | 马 | 驴 | 骡 | 繁育猪 | 育肥猪 | 羊 | 家禽 | 家兔 | 总计 |
|---|---|---|---|---|---|---|---|---|---|---|---|
| 中原区 | 0.03 | 0.55 | 0.00 | 0.00 | 0.00 | 0.11 | 0.37 | 0.03 | 0.44 | 0.00 | 1.53 |
| 二七区 | 0.05 | 0.21 | 0.00 | 0.00 | 0.00 | 0.03 | 0.32 | 0.06 | 1.84 | 0.00 | 2.51 |
| 管城区 | 0.03 | 0.21 | 0.00 | 0.00 | 0.00 | 0.03 | 0.38 | 0.09 | 0.36 | 0.00 | 1.10 |
| 金水区 | 0.13 | 1.14 | 0.00 | 0.00 | 0.00 | 0.10 | 0.66 | 0.05 | 0.08 | 0.00 | 2.16 |
| 上街区 | 0.03 | 0.00 | 0.00 | 0.00 | 0.00 | 0.05 | 0.14 | 0.00 | 0.82 | 0.00 | 1.04 |
| 惠济区 | 0.05 | 2.29 | 0.00 | 0.00 | 0.00 | 0.10 | 0.70 | 0.06 | 4.47 | 0.00 | 7.67 |
| 中牟县 | 21.65 | 10.45 | 0.08 | 0.24 | 0.02 | 2.43 | 13.41 | 12.06 | 13.62 | 0.30 | 74.26 |

续表

| 地区 | 牛 | 乳牛 | 马 | 驴 | 骡 | 繁育猪 | 育肥猪 | 羊 | 家禽 | 家兔 | 总计 |
|---|---|---|---|---|---|---|---|---|---|---|---|
| 巩义市 | 0.87 | 0.36 | 0.02 | 0.02 | 0.01 | 0.97 | 5.72 | 1.29 | 3.35 | 0.21 | 12.82 |
| 荥阳市 | 1.89 | 4.34 | 0.02 | 0.01 | 0.01 | 1.44 | 7.48 | 3.68 | 0.00 | 0.75 | 19.62 |
| 新密市 | 2.55 | 1.17 | 0.04 | 0.06 | 0.01 | 0.97 | 5.56 | 1.32 | 11.74 | 0.82 | 24.24 |
| 新郑市 | 4.02 | 1.82 | 0.00 | 0.02 | 0.00 | 2.19 | 10.36 | 1.42 | 2.74 | 0.07 | 22.64 |
| 登封市 | 5.44 | 0.65 | 0.12 | 0.04 | 0.01 | 0.99 | 5.52 | 1.67 | 8.93 | 0.70 | 24.07 |
| 郑州市 | 36.74 | 23.19 | 0.28 | 0.39 | 0.06 | 9.41 | 50.62 | 21.73 | 48.39 | 2.85 | 193.66 |

郑州市各畜禽粪便堆肥的潜在供给总量约 193.66 万吨/年。各区域中堆肥潜在供给量最大的是中牟县，堆肥潜在供给量约 74.26 万吨/年，占郑州市各畜禽粪便堆肥潜在供给总量的 38.35%。畜禽粪便堆肥潜在供给量最小的区域是上街区，潜在供给量约 1.04 万吨/年，仅占郑州市各畜禽粪便堆肥潜在供给总量的 0.54%，各区域畜禽粪便堆肥的潜在供给量存在较大的偏差。从表 5-4 可以看出，郑州市的牛、猪、家禽粪便堆肥潜在供给量占据较大的比例，分别是 30.95%、31.00%、24.99%。

2. 郑州市各区域各农作物秸秆堆肥潜在供给量的计算

由于作物在收获期间秸秆基本处于干燥状态，符合堆肥含水量要求，因此可全量作为堆肥使用。根据第三章式（3-3）和表 3-3 中各种农作物秸秆的产生系数谷草比和粮食产量[69]，计算各农作物秸秆的发生量。郑州市各区域各农作物秸秆堆肥的潜在供给量计算结果如表 5-5 所示。

**表 5-5 郑州市各区域各农作物秸秆堆肥潜在供给量**（2013 年） 单位：万吨/年

| 地区 | 水稻 | 小麦 | 玉米 | 豆类 | 花生 | 油料类 | 棉花 | 总计 |
|---|---|---|---|---|---|---|---|---|
| 中原区 | 0.00 | 0.83 | 0.80 | 0.01 | 0.10 | 0.08 | 0.00 | 1.82 |
| 二七区 | 0.00 | 0.22 | 0.27 | 0.01 | 0.04 | 0.02 | 0.00 | 0.56 |
| 管城区 | 0.00 | 0.64 | 0.49 | 0.00 | 0.10 | 0.02 | 0.00 | 1.25 |
| 金水区 | 0.01 | 1.03 | 1.12 | 0.02 | 0.01 | 0.00 | 0.00 | 2.19 |
| 上街区 | 0.00 | 0.79 | 0.95 | 0.01 | 0.01 | 0.00 | 0.00 | 1.76 |
| 惠济区 | 0.11 | 1.58 | 1.29 | 0.03 | 0.13 | 0.01 | 0.02 | 3.17 |
| 中牟县 | 0.56 | 16.44 | 19.40 | 1.17 | 7.44 | 0.59 | 0.36 | 45.96 |

续表

| 地区 | 水稻 | 小麦 | 玉米 | 豆类 | 花生 | 油料类 | 棉花 | 总计 |
|---|---|---|---|---|---|---|---|---|
| 巩义市 | 0.04 | 8.74 | 8.02 | 0.19 | 0.32 | 0.08 | 0.07 | 17.46 |
| 荥阳市 | 0.00 | 18.25 | 17.27 | 0.39 | 0.01 | 0.35 | 0.09 | 36.36 |
| 新密市 | 0.00 | 11.05 | 10.74 | 0.51 | 0.62 | 0.37 | 0.01 | 23.30 |
| 新郑市 | 0.00 | 15.40 | 15.82 | 0.45 | 3.14 | 0.33 | 0.01 | 35.15 |
| 登封市 | 0.00 | 7.55 | 8.17 | 1.28 | 0.24 | 0.20 | 0.07 | 17.51 |
| 郑州市 | 0.72 | 82.52 | 84.34 | 4.07 | 12.16 | 2.05 | 0.63 | 186.49 |

郑州市各种秸秆堆肥的潜在供给总量约 186.49 万吨/年，其中玉米和小麦秸秆分别占郑州市各种秸秆堆肥潜在供给总量的 45.2%和 44.2%。各区域中秸秆堆肥潜在供给量最大的是中牟县，占郑州市各秸秆年堆肥潜在供给总量的 24.6%。秸秆堆肥潜在供给量最小的区域是二七区，秸秆潜在供给量约 0.56 万吨/年，仅占郑州市各秸秆堆肥潜在供给总量的 0.3%。郑州市各区域秸秆堆肥潜在供给量同样存在较大的偏差。

## 四、郑州市各区域农业有机废弃物堆肥需求供给平衡分析

郑州市各区域堆肥潜在需求总量约 575.50 万吨/年，各农业有机废弃物（畜禽粪便和秸秆）堆肥的潜在供给总量约 380.15 万吨/年，郑州市各区域农业有机废弃物堆肥的需供比（潜在需求量/潜在供给量）如表 5-6 所示。根据以上数据计算出郑州市整体需供比约 1.51。需供比超过 1.0 的情况说明潜在需求量高于潜在供给量，理论上农业有机废弃物全量可以被该地区的农业生产所利用。各区域中只有二七区需求量小于供给量，需供比约为 0.70，主要是因为二七区处于郑州市中心位置，农业种植面积小。市区内需求量较大的区域有中原区，需供比约 2.24；惠济区，需供比约 1.78。该两个区域为供应市区，有大量的蔬菜种植，因此堆肥需求量较大。管城区、中牟县、巩义市、荥阳市、新密市、新郑市、登封市、上街区需供比分别为 1.64、1.43、1.77、1.60、1.49、1.53、1.24，需求量均远大于供给量。郑州市整体种植业相对养殖业较为发达，堆肥潜在需求量较大但没有充足的堆肥潜在供给量是主要原因。另外，金水区需供比约为 1.09，基本实现了小区域内需求供给平衡状态。

千公顷，其次是果蔬类种植面积约 171.97 千公顷。开封市总体耕种面积约 798.57 千公顷，各区域中耕种面积最多的是杞县约 198.60 千公顷，其次是开封县耕种面积约 160.42 千公顷。

**表 5-7　开封市各区域各农作物种植面积**（2013 年）　　单位：千公顷

| 地区 | 夏收粮 | 秋收粮 | 油料类 | 棉花 | 果蔬类 | 总计 |
|---|---|---|---|---|---|---|
| 龙亭区 | 1.95 | 1.90 | 0.44 | 0.03 | 0.50 | 4.82 |
| 顺河区 | 1.67 | 1.50 | 0.21 | 0.00 | 2.11 | 5.49 |
| 鼓楼区 | 1.40 | 0.53 | 1.63 | 0.02 | 1.19 | 4.77 |
| 禹王台区 | 0.65 | 0.59 | 0.60 | 0.01 | 3.00 | 4.85 |
| 金明区 | 4.76 | 3.53 | 4.99 | 0.14 | 4.77 | 18.19 |
| 开发区 | 0.47 | 0.12 | 0.65 | 0.02 | 0.52 | 1.78 |
| 杞县 | 64.56 | 41.22 | 13.39 | 14.64 | 64.79 | 198.60 |
| 通许县 | 38.87 | 22.47 | 8.01 | 5.33 | 56.89 | 131.51 |
| 尉氏县 | 62.31 | 29.29 | 22.29 | 15.39 | 22.04 | 151.32 |
| 开封县 | 62.54 | 35.26 | 35.03 | 6.51 | 21.08 | 160.42 |
| 兰考县 | 56.16 | 33.84 | 17.22 | 9.46 | 0.08 | 116.76 |
| 开封市 | 295.34 | 168.04 | 104.46 | 51.55 | 171.97 | 798.57 |

2. 开封市各区域各农作物堆肥潜在需求量

根据第三章式（3-1）和表 3-1 各种作物的施肥原单位，以及表 5-7 开封市各区域各农作物种植面积，计算出开封市各区域各农作物的堆肥年潜在需求量，计算结果如表 5-8 所示。

**表 5-8　开封市各区域各农作物堆肥潜在需求量**（2013 年）　　单位：万吨/年

| 地区 | 夏收粮 | 秋收粮 | 油料类 | 棉花 | 果蔬类 | 总计 |
|---|---|---|---|---|---|---|
| 龙亭区 | 1.95 | 1.90 | 0.66 | 0.05 | 1.00 | 5.56 |
| 顺河区 | 1.67 | 1.50 | 0.32 | 0.00 | 4.22 | 7.71 |
| 鼓楼区 | 1.40 | 0.53 | 2.45 | 0.03 | 2.38 | 6.79 |
| 禹王台区 | 0.65 | 0.59 | 0.90 | 0.02 | 6.00 | 8.16 |
| 金明区 | 4.76 | 3.53 | 7.50 | 0.21 | 9.54 | 25.54 |
| 开发区 | 0.47 | 0.12 | 0.98 | 0.03 | 1.04 | 2.64 |
| 杞县 | 64.56 | 41.22 | 20.09 | 22.00 | 129.58 | 277.45 |
| 通许县 | 38.87 | 21.33 | 12.02 | 8.00 | 103.78 | 184.00 |

续表

| 地区 | 夏收粮 | 秋收粮 | 油料类 | 棉花 | 果蔬类 | 总计 |
|---|---|---|---|---|---|---|
| 尉氏县 | 62.31 | 29.29 | 33.44 | 23.10 | 44.10 | 192.24 |
| 开封县 | 62.54 | 35.26 | 52.55 | 10.00 | 42.16 | 202.51 |
| 兰考县 | 56.16 | 33.84 | 25.83 | 10.00 | 18.92 | 144.75 |
| 开封市 | 295.34 | 168.04 | 156.74 | 73.44 | 362.72 | 1057.35 |

根据现场调查和依据当地的耕作习惯，按农作物品种及实际种植面积对各类农作物堆肥潜在需求量进行计算。开封市农业有机废弃物堆肥潜在需求总量约1057.35万吨/年。其中潜在需求量最大的杞县约277.45万吨/年，占全开封市需肥总量的26.3%，杞县的夏秋收粮食及果蔬类堆肥潜在需求量分别在开封市各区域中最高。市内6区种植面积相对较小，需肥量也相对较少，各区域堆肥的潜在需求量存在较大的偏差。由以上数据可以看出开封市需肥量最大的是果蔬类种植，其次是秋收粮食作物和夏收粮食作物。蔬菜类由于品种不同分为一年一次或多次种植，另外，开封市是河南省农副产品出口基地，经济作物种植面积较大也是果蔬类堆肥潜在需求量最高的主要原因之一。

## 三、开封市各区域农业有机废弃物堆肥潜在供给量的计算

### 1. 开封市各区域各畜禽粪便堆肥潜在供给量的计算

1）开封市各区域各畜禽的养殖量

根据《开封市统计年鉴》[70]，2013年年末，开封市畜禽存栏总数3967.08万头（只、羽），各区域各种畜禽的存栏情况如表5-9所示。

**表5-9 开封市各区域各畜禽存栏数量** 单位：万头（只、羽）

| 地区 | 牛 | 马 | 驴 | 骡 | 猪 | 山羊 | 绵羊 | 家禽 | 家兔 | 总计 |
|---|---|---|---|---|---|---|---|---|---|---|
| 龙亭区 | 0.25 | 0.00 | 0.00 | 0.00 | 1.28 | 0.06 | 0.01 | 13.94 | 0.00 | 15.54 |
| 顺河区 | 0.43 | 0.00 | 0.00 | 0.00 | 1.10 | 0.04 | 0.03 | 22.01 | 0.38 | 23.99 |
| 鼓楼区 | 0.22 | 0.00 | 0.00 | 0.05 | 2.81 | 0.09 | 0.00 | 19.03 | 0.00 | 22.20 |
| 禹王台区 | 0.87 | 0.00 | 0.00 | 0.00 | 3.02 | 0.13 | 0.00 | 51.00 | 0.00 | 55.02 |
| 金明区 | 1.33 | 0.00 | 0.00 | 0.00 | 3.18 | 0.58 | 0.40 | 41.00 | 0.40 | 46.89 |
| 开发区 | 0.08 | 0.00 | 0.00 | 0.00 | 0.28 | 0.06 | 0.00 | 2.57 | 0.00 | 2.99 |
| 杞县 | 13.58 | 0.08 | 0.09 | 0.04 | 78.75 | 45.11 | 0.36 | 763.79 | 27.73 | 929.53 |

续表

| 地区 | 牛 | 马 | 驴 | 骡 | 猪 | 山羊 | 绵羊 | 家禽 | 家兔 | 总计 |
|---|---|---|---|---|---|---|---|---|---|---|
| 通许县 | 4.85 | 0.01 | 0.02 | 0.01 | 60.70 | 12.76 | 0.09 | 446.72 | 21.30 | 546.46 |
| 尉氏县 | 10.08 | 0.10 | 0.16 | 0.08 | 73.85 | 38.78 | 0.95 | 971.81 | 11.05 | 1106.86 |
| 开封县 | 13.51 | 0.00 | 0.00 | 0.00 | 64.55 | 29.04 | 2.71 | 561.01 | 11.50 | 682.32 |
| 兰考县 | 10.51 | 0.06 | 0.42 | 0.01 | 41.08 | 19.95 | 1.05 | 426.43 | 35.77 | 535.28 |
| 开封市 | 55.71 | 0.25 | 0.69 | 0.19 | 330.60 | 146.60 | 5.60 | 3319.31 | 108.13 | 3967.08 |

根据表 5-9 所示，开封市大型牲畜，包括牛、马、驴、骡合计 56.84 万头，占全市畜禽存栏总数的 1.4%。家禽养殖数目最高，约 3319.31 万羽，占全市畜禽存栏总数的 84.07%。大型牲畜养殖主要以牛为主，各种牛的存栏量为 55.71 万头，占大型牲畜存栏总数的 98.0%。开封市各区域中，尉氏县的各种畜禽存栏总数约 1106.86 头（只、羽），占全市畜禽存栏总数的 28%。另外、杞县的存栏总数约 929.53 头（只、羽），也占有较高的比例。

2）开封市各区域各畜禽粪便堆肥潜在供给量

根据第三章式（3-2）和表 3-2 各种畜禽粪便的发生原单位及堆肥率，以及表 5-9 开封市各区域各畜禽的存栏数量，计算出开封市各区域各畜禽粪便堆肥的年潜在供给量，计算结果如表 5-10 所示。

**表 5-10　开封市各区域各畜禽粪便堆肥潜在供给量**（2013 年）　单位：万吨/年

| 地区 | 牛 | 马 | 驴 | 骡 | 猪 | 山羊 | 绵羊 | 家禽 | 家兔 | 总计 |
|---|---|---|---|---|---|---|---|---|---|---|
| 龙亭区 | 0.66 | 0.00 | 0.00 | 0.00 | 0.51 | 0.03 | 0.01 | 0.40 | 0.00 | 1.61 |
| 顺河区 | 1.13 | 0.00 | 0.00 | 0.00 | 0.42 | 0.02 | 0.01 | 0.63 | 0.01 | 2.24 |
| 鼓楼区 | 0.58 | 0.00 | 0.00 | 0.06 | 1.11 | 0.04 | 0.00 | 0.54 | 0.00 | 2.33 |
| 禹王台区 | 2.29 | 0.00 | 0.00 | 0.00 | 1.20 | 0.06 | 0.00 | 1.45 | 0.00 | 5.00 |
| 金明区 | 3.50 | 0.00 | 0.00 | 0.00 | 1.26 | 0.27 | 0.18 | 1.17 | 0.01 | 6.39 |
| 开发区 | 0.20 | 0.00 | 0.00 | 0.00 | 0.11 | 0.03 | 0.00 | 0.07 | 0.00 | 0.41 |
| 杞县 | 35.69 | 0.16 | 0.11 | 0.05 | 31.19 | 20.72 | 0.17 | 21.75 | 0.97 | 110.81 |
| 通许县 | 12.75 | 0.02 | 0.02 | 0.01 | 24.04 | 5.87 | 0.04 | 12.72 | 0.75 | 56.22 |
| 尉氏县 | 26.49 | 0.21 | 0.20 | 0.10 | 29.25 | 17.84 | 0.44 | 27.67 | 0.36 | 102.56 |
| 开封县 | 35.50 | 0.00 | 0.00 | 0.00 | 25.56 | 13.36 | 1.25 | 15.97 | 0.40 | 92.04 |
| 兰考县 | 27.62 | 0.13 | 0.51 | 0.01 | 16.27 | 9.18 | 0.48 | 12.14 | 1.25 | 67.59 |
| 开封市 | 146.41 | 0.52 | 0.85 | 0.23 | 130.92 | 67.42 | 2.58 | 94.51 | 3.75 | 447.18 |

开封市各畜禽粪便堆肥的潜在供给总量约447.18万吨/年。各区域中畜禽粪便堆肥潜在供给量最大的是杞县，畜禽粪便堆肥潜在供给量约110.81万吨/年，占开封市各畜禽粪便年堆肥潜在供给总量的24.78%。畜禽粪便堆肥潜在供给量最小的区域是开发区，潜在供给量约0.41万吨/年，仅占全市堆肥潜在供给总量的0.09%。各区域畜禽粪便堆肥的年潜在供给量存在较大的偏差。从表5-10可看出，开封市的牛、猪、家禽类粪便堆肥潜在供给量占据较大的比例，分别是32.74%、29.27%、21.13%。

2. 开封市各区域各农作物秸秆堆肥潜在供给量的计算

由于农作物在收获期间秸秆基本处于干燥状态，符合堆肥含水量要求，因此可全量作为堆肥使用。根据第三章式（3-3）和表3-3各种农作物秸秆的产生系数谷草比和粮食产量[70]，计算各农作物秸秆的发生量。开封市各区域各农作物秸秆堆肥的潜在供给量计算结果如表5-11所示。

**表5-11　开封市各区域各农作物秸秆堆肥潜在供给量**（2013年）　单位：万吨/年

| 地区 | 小麦 | 稻谷 | 玉米 | 大豆 | 薯类 | 花生 | 油料类 | 棉花 | 总计 |
|---|---|---|---|---|---|---|---|---|---|
| 龙亭区 | 1.21 | 0.54 | 0.29 | 0.07 | 0.01 | 0.10 | 0.03 | 0.01 | 2.26 |
| 顺河区 | 1.11 | 0.70 | 0.08 | 0.02 | 0.00 | 0.04 | 0.01 | 0.00 | 1.96 |
| 鼓楼区 | 0.94 | 0.01 | 0.18 | 0.00 | 0.06 | 0.48 | 0.04 | 0.00 | 1.71 |
| 禹王台区 | 0.39 | 0.03 | 0.13 | 0.01 | 0.03 | 0.15 | 0.02 | 0.00 | 0.76 |
| 金明区 | 3.16 | 0.35 | 1.31 | 0.07 | 0.05 | 1.00 | 0.49 | 0.02 | 6.45 |
| 开发区 | 0.28 | 0.00 | 0.02 | 0.03 | 0.01 | 0.23 | 0.00 | 0.01 | 0.58 |
| 杞县 | 46.32 | 0.00 | 24.30 | 1.47 | 1.01 | 5.33 | 0.84 | 2.98 | 82.25 |
| 通许县 | 28.61 | 0.00 | 13.30 | 0.66 | 0.44 | 2.80 | 0.28 | 0.95 | 47.04 |
| 尉氏县 | 43.64 | 0.00 | 16.46 | 2.25 | 1.00 | 7.60 | 2.94 | 2.36 | 76.25 |
| 开封县 | 44.87 | 2.96 | 16.53 | 4.05 | 0.38 | 9.20 | 2.55 | 1.28 | 81.82 |
| 兰考县 | 37.93 | 0.47 | 18.75 | 1.08 | 0.93 | 5.24 | 0.51 | 1.12 | 66.03 |
| 开封市 | 208.46 | 5.06 | 91.35 | 9.71 | 3.92 | 32.17 | 7.71 | 8.73 | 367.11 |

开封市各种秸秆堆肥的潜在供给总量约367.11万吨/年，其中小麦秸秆占开封市各种秸秆堆肥潜在供给量的56.78%。各区域中秸秆堆肥潜在供给量最大的是杞县，占开封市各秸秆年堆肥潜在供给堆肥潜在供给总量的22.40%。年秸秆堆肥潜

在供给量最小的区域是开发区，秸秆潜在供给量约 0.58 万吨/年，仅占开封市各秸秆年堆肥潜在供给总量的 0.16%。开封市各区域各秸秆堆肥年潜在供给量同样存在较大的偏差。

## 四、开封市各区域农业有机废弃物堆肥需求供给平衡分析

开封市各区域堆肥潜在需求总量约 1057.35 万吨/年，各农业有机废弃物（畜禽粪便和秸秆）堆肥的潜在供给总量约 814.28 万吨/年，开封市各区域农业有机废弃物堆肥的需供比（潜在需求量/潜在供给量）如表 5-12 所示。根据以上数据计算出开封市整体需供比约 1.30。需供比超过 1.0 的情况说明潜在需求量高于潜在供给量，理论上农业有机废弃物全量可以被该地区的农业生产所利用。开封市各区域需供比均超过 1.0，开发区的需供比约 2.67，在各区域中最高，其次是金明区约 1.99。两区域属于市区，有一定的蔬菜种植但是农业有机废弃物发生量较少是主要原因。顺河区、通许县、鼓楼区、龙亭区、杞县和禹王台区的需供比依次为 1.84、1.78、1.68、1.44、1.44 和 1.42，需求量都远大于供给量。另外，尉氏县、兰考县和开封县需供比处于基本平衡状态。

**表 5-12　开封市各区域农业有机废弃物堆肥需供比**

| 地区 | 潜在需求量/（万吨/年） | 潜在供给量/（万吨/年） | 需供比 |
|---|---|---|---|
| 龙亭区 | 5.56 | 3.86 | 1.44 |
| 顺河区 | 7.71 | 4.18 | 1.84 |
| 鼓楼区 | 6.79 | 4.04 | 1.68 |
| 禹王台区 | 8.16 | 5.76 | 1.42 |
| 金明区 | 25.54 | 12.84 | 1.99 |
| 开发区 | 2.64 | 0.99 | 2.67 |
| 杞县 | 277.45 | 193.06 | 1.44 |
| 通许县 | 184.00 | 103.26 | 1.78 |
| 尉氏县 | 192.24 | 178.81 | 1.08 |
| 开封县 | 205.51 | 173.86 | 1.16 |
| 兰考县 | 144.75 | 133.62 | 1.08 |
| 开封市 | 1057.35 | 814.28 | 1.30 |

## 五、结论

本节以开封市行政区域内的 6 区 5 县为对象，分别对以上各区域内的农作物对堆肥的潜在需求量及对各农业有机废弃物转换为堆肥的潜在供给量进行计算，对堆肥的需求和供给平衡进行定量分析，结果如下。

（1）研究对象开封市全体农业有机废弃物堆肥潜在需求量和潜在供给量的总需供比约 1.30，需求量大于供给量，该地区的农业有机废弃物全量可以被该地区农业所利用。

（2）开封市的 6 区 5 县中，尉氏县、兰考县和开封县小区域内堆肥需求供给基本平衡，其余各区域需求量远大于供给量处于严重的堆肥供不应求局面。

（3）开封市各畜禽粪便堆肥的潜在供给量约 447.18 万吨/年，占堆肥潜在供给总量的 55%，各种秸秆堆肥的潜在供给量约 367.11 万吨/年，占堆肥潜在供给总量的 45%，畜禽粪便由来的堆肥潜在供给量略高于秸秆由来的堆肥潜在供给量。

# 第三节　洛　阳　市

## 一、洛阳市地理位置和农业概况

### 1. 洛阳市地理位置

洛阳市位于河南省西部、黄河南岸，位居洛河之阳，北扼黄河，南望伏牛，东镇虎牢，西据崤函。洛阳市总面积 1.52 万平方千米，地处东经 118°08′～112°59′、北纬 33°35′～35°05′之间。洛阳市行政区域有涧西区、西工区、老城区、瀍河区、洛龙区、吉利区、高新区、伊滨区、偃师市、孟津县、新安县、宜阳县、洛宁县、伊川县、嵩县、栾川县、汝阳县、龙管会，由 8 区 1 市 8 县 1 会组成（以下简称各区域）。

### 2. 洛阳市农业概况

洛阳市拥有优越的地理环境和四季分明的气候条件、复杂多样的地形地貌和自然资源条件及作为北方少有的富水城市，使发展特色农业拥有了得天独厚的条件。地处中国南北方交替的过渡地带，属于暖温带大陆性季风气候，气候温和，四季分明，年平均气温 14.7 摄氏度，降水量约 600 毫米，全年光照充裕，无霜期达 218 天，适合多种农作物生产。洛阳市 2013 年全年农作物总播种面积 678.62

千公顷，主要农作物有小麦、玉米、油料、棉花、烟叶和各种蔬菜等。

## 二、洛阳市各区域堆肥潜在需求量的计算

1. 洛阳市各区域各农作物种植面积

根据文献[71]和对洛阳市的现场调查，统计出洛阳市 2013 年全年各农作物种植面积如表 5-13 所示。洛阳市主要农作物秋收粮种植面积最高，约 277.42 千公顷，其次是夏收粮种植面积约 251.43 千公顷。洛阳市总体耕种面积约 678.62 千公顷，各区域中耕种面积最多的是宜阳县，约 131.36 千公顷。其次是伊川县，耕种面积约 94.89 千公顷。

**表 5-13 洛阳市各区域各农作物种植面积**（2013 年） 单位：千公顷

| 地区 | 夏收粮 | 秋收粮 | 油料类 | 棉花 | 烟叶 | 果蔬类 | 其他 | 总计 |
|---|---|---|---|---|---|---|---|---|
| 老城区 | 0.97 | 0.54 | 0.09 | 0.00 | 0.00 | 0.13 | 0.16 | 1.89 |
| 西工区 | 0.49 | 0.52 | 0.04 | 0.00 | 0.00 | 0.14 | 0.00 | 1.19 |
| 瀍河区 | 0.48 | 0.44 | 0.00 | 0.00 | 0.00 | 0.38 | 0.00 | 1.30 |
| 涧西区 | 0.34 | 0.35 | 0.06 | 0.00 | 0.00 | 0.08 | 0.00 | 0.83 |
| 吉利区 | 1.54 | 1.42 | 0.05 | 0.01 | 0.00 | 0.14 | 0.00 | 3.16 |
| 洛龙区 | 4.50 | 4.41 | 0.34 | 0.03 | 0.00 | 3.99 | 0.34 | 13.61 |
| 孟津县 | 27.40 | 27.08 | 1.74 | 0.24 | 0.89 | 7.91 | 1.29 | 66.55 |
| 新安县 | 22.64 | 28.71 | 2.42 | 0.14 | 1.18 | 9.05 | 0.52 | 64.66 |
| 栾川县 | 5.12 | 9.15 | 0.72 | 0.01 | 0.40 | 3.20 | 0.25 | 18.85 |
| 嵩县 | 23.24 | 29.06 | 5.00 | 0.25 | 2.67 | 5.61 | 0.10 | 65.93 |
| 汝阳县 | 19.51 | 23.96 | 3.80 | 0.14 | 2.66 | 1.01 | 0.05 | 51.13 |
| 宜阳县 | 41.68 | 44.81 | 18.76 | 0.53 | 9.81 | 15.16 | 0.61 | 131.36 |
| 洛宁县 | 30.27 | 31.43 | 5.39 | 0.07 | 8.00 | 2.90 | 0.10 | 78.16 |
| 伊川县 | 38.46 | 40.88 | 4.72 | 0.93 | 2.97 | 6.80 | 0.13 | 94.89 |
| 偃师市 | 22.94 | 22.82 | 2.09 | 0.14 | 0.00 | 6.63 | 1.51 | 56.13 |
| 高新区 | 2.11 | 1.86 | 0.22 | 0.01 | 0.00 | 0.31 | 0.04 | 4.55 |
| 龙管会 | 0.39 | 0.43 | 0.10 | 0.00 | 0.00 | 0.07 | 0.31 | 1.30 |
| 伊滨区 | 9.35 | 9.55 | 0.41 | 0.08 | 0.00 | 3.16 | 0.58 | 23.13 |
| 洛阳市 | 251.43 | 277.42 | 45.95 | 2.58 | 28.58 | 66.67 | 5.99 | 678.62 |

2. 洛阳市各区域各农作物堆肥潜在需求量

根据第三章式（3-1）和表 3-1 各种作物的施肥原单位，以及表 5-13 洛阳市各区域各农作物种植面积，计算出洛阳市各区域各农作物的堆肥年潜在需求量，计算结果如表 5-14 所示。

**表 5-14 洛阳市各区域各农作物堆肥潜在需求量**（2013 年） 单位：万吨/年

| 地区 | 夏收粮 | 秋收粮 | 油料类 | 棉花 | 烟叶 | 果蔬类 | 其他 | 总计 |
|---|---|---|---|---|---|---|---|---|
| 老城区 | 0.97 | 0.54 | 0.13 | 0.00 | 0.00 | 0.27 | 0.32 | 2.23 |
| 西工区 | 0.49 | 0.52 | 0.06 | 0.00 | 0.00 | 0.28 | 0.00 | 1.35 |
| 瀍河区 | 0.48 | 0.44 | 0.00 | 0.00 | 0.00 | 0.75 | 0.00 | 1.67 |
| 涧西区 | 0.34 | 0.35 | 0.09 | 0.00 | 0.00 | 0.15 | 0.00 | 0.93 |
| 吉利区 | 1.54 | 1.42 | 0.07 | 0.01 | 0.00 | 0.27 | 0.00 | 3.31 |
| 洛龙区 | 4.50 | 4.41 | 0.52 | 0.05 | 0.00 | 7.97 | 0.69 | 18.14 |
| 孟津县 | 27.40 | 27.08 | 2.61 | 0.36 | 1.78 | 15.81 | 2.57 | 77.61 |
| 新安县 | 22.64 | 28.71 | 3.63 | 0.21 | 2.36 | 18.10 | 1.03 | 76.68 |
| 栾川县 | 5.12 | 9.15 | 1.08 | 0.02 | 0.80 | 6.40 | 0.49 | 23.06 |
| 嵩县 | 23.24 | 29.06 | 7.49 | 0.38 | 5.34 | 11.22 | 0.20 | 76.93 |
| 汝阳县 | 19.51 | 23.96 | 5.69 | 0.21 | 5.32 | 2.02 | 0.09 | 56.80 |
| 宜阳县 | 41.68 | 44.81 | 28.14 | 0.79 | 19.63 | 30.32 | 1.21 | 166.58 |
| 洛宁县 | 30.27 | 31.43 | 8.09 | 0.10 | 16.00 | 5.81 | 0.19 | 91.89 |
| 伊川县 | 38.46 | 40.86 | 7.08 | 1.40 | 5.93 | 13.59 | 0.26 | 107.58 |
| 偃师市 | 22.94 | 22.82 | 3.13 | 0.20 | 0.00 | 13.26 | 3.03 | 65.38 |
| 高新区 | 2.11 | 1.86 | 0.32 | 0.02 | 0.00 | 0.61 | 0.08 | 5.00 |
| 龙管会 | 0.39 | 0.41 | 0.15 | 0.00 | 0.00 | 0.14 | 0.62 | 1.71 |
| 伊滨区 | 9.35 | 9.55 | 0.61 | 0.12 | 0.00 | 6.32 | 1.16 | 27.11 |
| 洛阳市 | 251.43 | 277.42 | 68.90 | 3.88 | 57.16 | 133.29 | 11.94 | 803.96 |

根据现场调查和依据当地的耕作习惯，按农作物品种及实际种植面积对各类农作物堆肥潜在需求量进行计算。洛阳市各区域各农作物堆肥潜在需求总量约 803.96 万吨/年。各区域中潜在需求量最大的宜阳县约 166.58 万吨/年，占全洛阳市需肥总量的 20.7%。其他市内 8 区 1 会的种植面积相对较小，需肥量也相对较少，洛阳市各区域堆肥的潜在需求量存在较大的偏差。由总体数据可以看出洛阳

市需肥量最大的是秋收粮食作物和夏收粮食作物，其次是果蔬类和油料类作物。

## 三、洛阳市各区域农业有机废弃物堆肥潜在供给量的计算

1. 洛阳市各区域各畜禽粪便堆肥潜在供给量的计算

1）洛阳市各区域畜禽的养殖量

根据《洛阳市统计年鉴》[71]，2013 年年末，洛阳市畜禽存栏总数 2894.37 万头（只、羽），各区域各种畜禽的存栏情况如表 5-15 所示。其中大型牲畜，包括肉牛、奶牛、役牛合计 62.47 万头，占洛阳市畜禽存栏总数的 2.16%。猪 205.00 万头，占全市畜禽存栏总数的 7.1%。山羊和绵羊合计 70.30 万只，占全市畜禽存栏总数的 2.43%。家兔 254.52 万只，占全市畜禽存栏总数的 8.8%。家禽 2302.08 万羽，占全市畜禽存栏总数的 79.54%。从数量上来看，洛阳市以家禽饲养为主。各区域中宜阳县各种畜禽存栏数最高，约 600.56 万头（只、羽），约占全市畜禽存栏总数的 20.75%。另外，伊川县的存栏总数约占全市总体的 15%，洛宁县存栏总数也占有较高的比例，约为全市总体的 10%。

**表 5-15　洛阳市各区域各畜禽存栏数量**　单位：万头（只、羽）

| 地区 | 猪 | 肉牛 | 奶牛 | 役牛 | 山羊 | 绵羊 | 家禽 | 家兔 | 合计 |
|---|---|---|---|---|---|---|---|---|---|
| 老城区 | 0.71 | 0.01 | 0.02 | 0.00 | 0.02 | 0.01 | 4.51 | 0.00 | 5.28 |
| 西工区 | 0.31 | 0.00 | 0.03 | 0.00 | 0.03 | 0.02 | 3.13 | 0.20 | 3.72 |
| 瀍河区 | 0.34 | 0.00 | 0.06 | 0.00 | 0.04 | 0.02 | 4.26 | 0.80 | 5.52 |
| 涧西区 | 0.16 | 0.00 | 0.01 | 0.00 | 0.02 | 0.01 | 3.60 | 0.00 | 3.80 |
| 吉利区 | 3.10 | 0.01 | 0.06 | 0.01 | 0.12 | 0.08 | 13.43 | 4.15 | 20.96 |
| 洛龙区 | 3.05 | 0.04 | 0.92 | 0.00 | 0.13 | 0.08 | 43.14 | 0.00 | 47.36 |
| 孟津县 | 21.00 | 0.27 | 6.55 | 0.07 | 2.83 | 1.83 | 192.24 | 5.92 | 230.71 |
| 新安县 | 17.05 | 1.85 | 0.21 | 0.75 | 7.51 | 4.86 | 249.12 | 6.48 | 287.83 |
| 栾川县 | 6.70 | 0.03 | 0.00 | 1.04 | 1.81 | 1.16 | 88.66 | 0.27 | 99.67 |
| 嵩县 | 21.41 | 7.93 | 0.41 | 2.05 | 6.24 | 4.03 | 212.09 | 22.94 | 277.10 |
| 汝阳县 | 10.56 | 0.42 | 0.03 | 1.21 | 1.18 | 0.76 | 123.90 | 0.11 | 138.17 |
| 宜阳县 | 33.83 | 10.02 | 0.38 | 0.75 | 12.76 | 8.22 | 368.59 | 166.01 | 600.56 |
| 洛宁县 | 10.99 | 7.62 | 0.02 | 2.70 | 5.58 | 3.64 | 242.81 | 16.25 | 289.61 |
| 伊川县 | 36.46 | 8.25 | 0.85 | 1.49 | 2.77 | 1.79 | 370.59 | 12.18 | 434.38 |
| 偃师市 | 28.15 | 0.07 | 4.78 | 0.00 | 1.00 | 0.64 | 235.90 | 2.70 | 273.24 |

续表

| 地区 | 猪 | 肉牛 | 奶牛 | 役牛 | 山羊 | 绵羊 | 家禽 | 家兔 | 合计 |
|---|---|---|---|---|---|---|---|---|---|
| 高新区 | 1.39 | 0.00 | 0.46 | 0.00 | 0.04 | 0.03 | 6.83 | 0.00 | 8.75 |
| 龙管会 | 0.10 | 0.00 | 0.00 | 0.00 | 0.03 | 0.02 | 4.06 | 0.00 | 4.21 |
| 伊滨区 | 9.69 | 0.10 | 0.99 | 0.00 | 0.60 | 0.39 | 135.22 | 16.51 | 163.50 |
| 洛阳市 | 205.00 | 36.62 | 15.78 | 10.07 | 42.71 | 27.59 | 2302.08 | 254.52 | 2894.37 |

2）洛阳市各区域各畜禽粪便堆肥潜在供给量

根据第三章式（3-2）和表 3-2 各种畜禽粪便的发生原单位及堆肥率，以及表 5-15 洛阳市各畜禽的存栏数量，计算出洛阳市各区域各畜禽粪便堆肥的年潜在供给量，计算结果如表 5-16 所示。

**表 5-16 洛阳市各区域各畜禽粪便堆肥潜在供给量**（2013 年） 单位：万吨/年

| 地区 | 猪 | 肉牛 | 奶牛 | 役牛 | 山羊 | 绵羊 | 家禽 | 家兔 | 总计 |
|---|---|---|---|---|---|---|---|---|---|
| 老城区 | 0.34 | 0.03 | 0.13 | 0.00 | 0.01 | 0.00 | 0.13 | 0.00 | 0.64 |
| 西工区 | 0.15 | 0.00 | 0.20 | 0.00 | 0.01 | 0.01 | 0.09 | 0.01 | 0.47 |
| 瀍河区 | 0.16 | 0.00 | 0.40 | 0.00 | 0.02 | 0.01 | 0.12 | 0.03 | 0.74 |
| 涧西区 | 0.08 | 0.00 | 0.07 | 0.00 | 0.01 | 0.00 | 0.10 | 0.00 | 0.26 |
| 吉利区 | 1.49 | 0.03 | 0.40 | 0.03 | 0.06 | 0.04 | 0.38 | 0.15 | 2.58 |
| 洛龙区 | 1.47 | 0.11 | 6.11 | 0.00 | 0.06 | 0.04 | 1.23 | 0.00 | 9.02 |
| 孟津县 | 10.12 | 0.71 | 43.51 | 0.18 | 1.30 | 0.84 | 5.47 | 0.21 | 62.34 |
| 新安县 | 8.21 | 4.86 | 1.40 | 1.97 | 3.45 | 2.24 | 7.09 | 0.23 | 29.45 |
| 栾川县 | 3.23 | 0.08 | 0.00 | 2.73 | 0.83 | 0.53 | 2.52 | 0.01 | 9.93 |
| 嵩县 | 10.32 | 20.84 | 2.72 | 5.39 | 2.87 | 1.85 | 6.04 | 0.80 | 50.83 |
| 汝阳县 | 5.09 | 1.10 | 0.20 | 3.18 | 0.54 | 0.35 | 3.53 | 0.00 | 13.99 |
| 宜阳县 | 16.30 | 26.33 | 2.52 | 1.97 | 5.87 | 3.78 | 10.49 | 5.82 | 73.08 |
| 洛宁县 | 5.29 | 20.03 | 0.13 | 7.10 | 2.57 | 1.67 | 6.91 | 0.57 | 44.27 |
| 伊川县 | 17.57 | 21.68 | 5.65 | 3.92 | 1.27 | 0.82 | 10.55 | 0.43 | 61.89 |
| 偃师市 | 13.56 | 0.18 | 31.75 | 0.00 | 0.46 | 0.29 | 6.72 | 0.09 | 53.05 |
| 高新区 | 0.67 | 0.00 | 3.06 | 0.00 | 0.02 | 0.01 | 0.19 | 0.00 | 3.95 |
| 龙管会 | 0.05 | 0.00 | 0.00 | 0.00 | 0.01 | 0.01 | 0.12 | 0.00 | 0.19 |
| 伊滨区 | 4.67 | 0.26 | 6.58 | 0.00 | 0.28 | 0.18 | 3.85 | 0.58 | 16.40 |
| 洛阳市 | 98.77 | 96.24 | 104.83 | 26.47 | 19.64 | 12.67 | 65.53 | 8.93 | 433.08 |

洛阳市各畜禽粪便堆肥的潜在供给总量约 433.08 万吨/年。各区域中堆肥潜在供给量最大的是宜阳县，堆肥潜在供给量约 73.08 万吨/年，约占全市各畜禽粪便年堆肥潜在供给总量的 16.9%。畜禽粪便堆肥潜在供给量最小的区域是龙管会，潜在供给量约 0.19 万吨/年，仅占全市各畜禽粪便年堆肥潜在供给总量的 0.04%，各区域各畜禽粪便堆肥的年潜在供给量存在较大的偏差。从总体数据可以看出，洛阳市的牛、猪粪便堆肥潜在供给量占据较大的比例，分别是 52.54%、22.8%。

2. 洛阳市各区域各农作物秸秆堆肥潜在供给量的计算

由于作物在收获期间秸秆基本处于干燥状态，符合堆肥含水量要求，因此可全量作为堆肥使用。根据第三章式（3-3）和表 3-3 各种农作物秸秆的产生系数谷草比和粮食产量[71]，计算各农作物秸秆的发生量。洛阳市各区域各农作物秸秆堆肥的潜在供给量计算结果如表 5-17 所示。

**表 5-17 洛阳市各区域各农作物秸秆堆肥潜在供给量**（2013 年） 单位：万吨/年

| 地区 | 稻谷 | 小麦 | 玉米 | 谷子 | 高粱 | 豆类 | 红薯 | 油料 | 棉花 | 烤烟 | 总计 |
|---|---|---|---|---|---|---|---|---|---|---|---|
| 老城区 | 0.00 | 0.42 | 0.24 | 0.00 | 0.00 | 0.00 | 0.05 | 0.01 | 0.00 | 0.00 | 0.72 |
| 西工区 | 0.00 | 0.22 | 0.17 | 0.00 | 0.00 | 0.00 | 0.00 | 0.00 | 0.00 | 0.00 | 0.39 |
| 瀍河区 | 0.00 | 0.26 | 0.24 | 0.00 | 0.00 | 0.00 | 0.00 | 0.00 | 0.00 | 0.00 | 0.50 |
| 涧西区 | 0.00 | 0.07 | 0.13 | 0.00 | 0.00 | 0.00 | 0.01 | 0.00 | 0.00 | 0.00 | 0.21 |
| 吉利区 | 0.00 | 1.07 | 0.99 | 0.00 | 0.00 | 0.00 | 0.00 | 0.00 | 0.00 | 0.00 | 2.06 |
| 洛龙区 | 0.00 | 2.94 | 3.32 | 0.00 | 0.00 | 0.00 | 0.06 | 0.08 | 0.00 | 0.00 | 6.40 |
| 孟津县 | 0.52 | 13.70 | 12.42 | 0.07 | 0.00 | 0.27 | 1.22 | 0.42 | 0.08 | 0.21 | 28.91 |
| 新安县 | 0.00 | 10.07 | 12.38 | 0.29 | 0.00 | 1.20 | 1.58 | 1.16 | 0.08 | 0.40 | 27.16 |
| 栾川县 | 0.00 | 2.02 | 5.17 | 0.00 | 0.00 | 0.69 | 0.16 | 0.19 | 0.00 | 0.10 | 8.33 |
| 嵩县 | 0.01 | 9.42 | 12.27 | 0.01 | 0.02 | 1.17 | 1.51 | 1.31 | 0.08 | 0.44 | 26.24 |
| 汝阳县 | 0.11 | 7.76 | 8.87 | 0.31 | 0.26 | 1.23 | 1.90 | 1.03 | 0.08 | 0.67 | 22.22 |
| 宜阳县 | 0.22 | 18.50 | 15.17 | 1.63 | 0.00 | 8.19 | 2.82 | 11.52 | 0.20 | 3.31 | 61.56 |
| 洛宁县 | 0.02 | 12.31 | 12.35 | 1.32 | 0.00 | 2.04 | 0.70 | 2.26 | 0.04 | 1.60 | 32.64 |
| 伊川县 | 0.49 | 16.01 | 16.09 | 2.60 | 0.00 | 2.31 | 3.41 | 1.93 | 0.40 | 0.83 | 44.07 |
| 偃师市 | 0.00 | 13.76 | 16.92 | 0.22 | 0.00 | 0.03 | 0.40 | 0.50 | 0.04 | 0.00 | 31.87 |
| 高新区 | 0.00 | 0.66 | 0.90 | 0.00 | 0.00 | 0.00 | 0.06 | 0.07 | 0.00 | 0.00 | 1.69 |
| 龙管会 | 0.00 | 0.13 | 0.17 | 0.01 | 0.00 | 0.00 | 0.01 | 0.00 | 0.00 | 0.00 | 0.32 |
| 伊滨区 | 0.00 | 5.90 | 6.82 | 0.04 | 0.00 | 0.06 | 0.18 | 0.10 | 0.04 | 0.00 | 13.14 |
| 洛阳市 | 1.37 | 115.22 | 124.62 | 6.50 | 0.28 | 17.19 | 14.07 | 20.58 | 1.04 | 7.56 | 308.43 |

洛阳市各种秸秆堆肥的潜在供给总量约 308.43 万吨/年。其中玉米、小麦、稻谷、谷子等粮食作物的秸秆合计，占全市各种秸秆堆肥潜在供给总量的 80.40%。各区域中秸秆堆肥潜在供给量最大的是宜阳县，占全市各秸秆年堆肥潜在供给总量的 19.96%。年秸秆堆肥潜在供给量最小的区域是涧西区，秸秆潜在供给量约 0.21 万吨/年，仅占洛阳市各秸秆年堆肥潜在供给总量的 0.07%。

## 四、洛阳市各区域农业有机废弃物堆肥需求供给平衡分析

洛阳市堆肥的潜在需求总量约 803.96 万吨/年，各农业有机废弃物（畜禽粪便和秸秆）堆肥的潜在供给总量约 741.57 万吨/年，洛阳市各区域农业有机废弃物堆肥的需供比（潜在需求量/潜在供给量）如表 5-18 所示。根据以上数据计算出洛阳市整体堆肥需供比是 1.08。需供比超过 1.0 的情况说明潜在需求量高于潜在供给量，理论上农业有机废弃物全量可以被该地区的农业生产所利用，但是各区域需供比的分布呈现不均匀的状态。局部区域如吉利区、孟津县、偃师市、高新区、伊滨区需供比均小于 1.0，堆肥的潜在需求量小于堆肥的潜在供给量。嵩县、伊川县需供比均为 1.00，堆肥的潜在需求量与堆肥潜在供给量处于完全平衡状态。吉利区需供比为 0.71，是需供比最小的区域，该区域有一定的畜禽养殖业，堆肥潜在供给量充足，但是种植面积较小，潜在供给量大于潜在需求量是主要的原因。龙管会需供比为 3.37，是需供比最大的区域，其最主要是该区域临近市区，存在一定的蔬菜等农业种植，畜禽养殖数量较少，堆肥潜在供给量较小，是需供比较大的主要原因。其余各区域均呈现不同的需求大于供给的供不应求局面，主要是因为堆肥的潜在需求量较大但没有充足的潜在供给量而造成此结果。

**表 5-18　洛阳市各区域农业有机废弃物堆肥需供比**

| 地区 | 潜在需求量/（万吨/年） | 潜在供给量/（万吨/年） | 需供比 |
|---|---|---|---|
| 老城区 | 2.23 | 1.36 | 1.64 |
| 西工区 | 1.35 | 0.86 | 1.58 |
| 瀍河区 | 1.67 | 1.24 | 1.35 |
| 涧西区 | 0.93 | 0.47 | 2.00 |
| 吉利区 | 3.31 | 4.64 | 0.72 |
| 洛龙区 | 18.14 | 15.42 | 1.18 |
| 孟津县 | 77.61 | 91.25 | 0.85 |

续表

| 地区 | 潜在需求量/（万吨/年） | 潜在供给量/（万吨/年） | 需供比 |
|---|---|---|---|
| 新安县 | 76.68 | 56.61 | 1.35 |
| 栾川县 | 23.06 | 18.26 | 1.26 |
| 嵩县 | 76.93 | 77.07 | 1.00 |
| 汝阳县 | 56.80 | 36.21 | 1.57 |
| 宜阳县 | 166.58 | 134.64 | 1.24 |
| 洛宁县 | 91.89 | 76.91 | 1.19 |
| 伊川县 | 107.58 | 105.96 | 1.00 |
| 偃师市 | 65.38 | 84.92 | 0.77 |
| 高新区 | 5.00 | 5.64 | 0.89 |
| 龙管会 | 1.71 | 0.51 | 3.37 |
| 伊滨区 | 27.11 | 29.54 | 0.92 |
| 洛阳市 | 803.96 | 741.51 | 1.08 |

## 五、结论

本节以洛阳市行政区域内的 8 区 1 市 8 县 1 会为对象，分别对以上各区域内的农作物对堆肥的潜在需求量及对各农业有机废弃物转换为堆肥的潜在供给量进行计算，对堆肥的需求和供给平衡进行定量分析，结果如下所示。

（1）研究对象洛阳市全体农业有机废弃物堆肥潜在需求量和潜在供给量的总需供比约 1.08，需求量大于供给量，该地区的农业有机废弃物全量可以被该地区农业所利用。

（2）洛阳市的 8 区 1 市 8 县 1 会中，嵩县和伊川县堆肥需供比为 1.0，堆肥的需求供给处于完全平衡状态。需供比均小于 1.0 的地区有吉利区、孟津县、偃师市、高新区、伊滨区，其余各区域需供比均大于 1.0。洛阳市各区域堆肥需供比存在严重的偏差。

（3）洛阳市各畜禽粪便堆肥的潜在供给量约 433.08 万吨/年，占堆肥潜在供给总量的 58.40%，各种秸秆堆肥的潜在供给量约 308.43 万吨/年，占堆肥潜在供给总量的 41.6%，畜禽粪便由来的堆肥潜在供给量明显高于秸秆由来的堆肥潜在供给量。

# 第四节　平 顶 山 市

## 一、平顶山市地理位置和农业概况

1. 平顶山市地理位置

平顶山市位于河南省中南部，介于东经 112°14′～113°45′、北纬 33°08′～34°20′之间。全境东西长 150 千米，南北宽 140 千米，东与许昌市的襄城县、漯河市的舞阳县、驻马店市的西平县和遂平县交界。西与洛阳市的汝阳县、嵩县毗邻。南与驻马店市的泌阳县、南阳市的方城县和南召县相连。北与洛阳市的伊川县、郑州市的登封市、许昌市的禹州市接壤。平顶山市地处豫西山地向黄淮平原过渡地带，地势西高东低，呈阶梯状展开。地貌类型多样，山地、丘陵、岗地、平原分别占总面积的 12.66%、29.12%、29.22%、29.00%。复杂的地貌特征，蕴藏了丰富的生物资源和矿产资源，有利于区域特色经济的发展。平顶山市行政区域有新华区、卫东区、湛河区、石龙区、高新区、新城区、舞钢市、汝州市、叶县、鲁山县、宝丰县、郏县，由 6 区 2 市 4 个县组成（以下简称各区域）。

2. 平顶山市农业概况

平顶山市地处暖温带和亚热带气候交错的边缘地区，为大陆性季风气候，春暖、夏热、秋凉、冬寒，四季分明，雨量充沛，光照充足，无霜期长等气候特点，可满足农作物一年两熟。平顶山市土壤类型多样，有 10 个土类、25 个亚类、45 个土属、74 个土种，其中熟化程度高的褐土、潮土、黄棕土壤占 60%以上，适宜多种农作物生长。另外，平顶山市有较为丰富的畜禽养殖，主要养殖有牛、猪、驴、马、羊、鸡、鸭、鹅等。平顶山市农作物种类繁多，2013 年全年作物种植面积达 531.12 千公顷，主要农作物有小麦、玉米、各种蔬菜、大豆、稻谷、薯类、棉花、油料作物，个别区域还有果园种植等。

## 二、平顶山市各区域堆肥潜在需求量的计算

1. 平顶山市各区域各农作物种植面积

平顶山市农作物品种繁多，而且文献[72]记载较为详细。根据文献和现场调查，统计出平顶山市 2013 年全年各农作物种植面积如表 5-19~表 5-21 所示。平顶山市主要农作物小麦的种植面积最高，约 207.19 千公顷，其次是玉米种植面积约 173.07 千公顷。平顶山市总体耕种面积约 531.12 千公顷，各区域中耕种面积最多

的是叶县，约 140.84 千公顷。

**表 5-19　平顶山市各区域各农作物种植面积（一）**（2013 年）　单位：千公顷

| 地区 | 小麦 | 稻谷 | 玉米 | 大豆 | 薯类 | 总计 |
| --- | --- | --- | --- | --- | --- | --- |
| 汝州市 | 45.33 | 0.03 | 43.59 | 0.87 | 4.15 | 93.97 |
| 新华区 | 0.83 | 0.00 | 0.48 | 0.24 | 0.12 | 1.67 |
| 卫东区 | 1.36 | 0.00 | 0.86 | 0.19 | 0.01 | 2.42 |
| 石龙区 | 0.31 | 0.00 | 0.27 | 0.04 | 0.12 | 0.74 |
| 湛河区 | 2.66 | 0.48 | 1.35 | 0.08 | 0.08 | 4.65 |
| 高新区 | 1.48 | 0.00 | 1.44 | 0.00 | 0.00 | 2.92 |
| 新城区 | 1.90 | 0.00 | 1.97 | 0.04 | 0.02 | 3.93 |
| 宝丰县 | 24.58 | 0.00 | 21.97 | 0.08 | 0.15 | 46.78 |
| 叶县 | 54.52 | 0.00 | 47.05 | 3.94 | 2.38 | 107.89 |
| 鲁山县 | 29.12 | 0.64 | 24.94 | 0.37 | 2.18 | 57.25 |
| 郏县 | 30.00 | 0.00 | 15.45 | 3.41 | 8.31 | 57.17 |
| 舞钢市 | 15.10 | 0.00 | 13.70 | 1.29 | 0.50 | 30.59 |
| 平顶山市 | 207.19 | 1.15 | 173.07 | 10.55 | 18.02 | 409.98 |

**表 5-20　平顶山市各区域各农作物种植面积（二）**（2013 年）　单位：千公顷

| 地区 | 棉花 | 花生 | 油菜籽 | 芝麻 | 烤烟 | 蔬菜类 | 瓜果类 | 总计 |
| --- | --- | --- | --- | --- | --- | --- | --- | --- |
| 汝州市 | 0.79 | 7.47 | 2.50 | 0.41 | 2.12 | 6.39 | 0.96 | 20.64 |
| 新华区 | 0.00 | 0.02 | 0.02 | 0.03 | 0.01 | 0.46 | 0.00 | 0.54 |
| 卫东区 | 0.00 | 0.11 | 0.03 | 0.00 | 0.00 | 0.08 | 0.02 | 0.24 |
| 石龙区 | 0.00 | 0.04 | 0.05 | 0.01 | 0.00 | 0.09 | 0.00 | 0.19 |
| 湛河区 | 0.00 | 0.50 | 0.17 | 0.02 | 0.00 | 3.55 | 0.00 | 4.24 |
| 高新区 | 0.00 | 0.03 | 0.00 | 0.00 | 0.00 | 0.17 | 0.02 | 0.22 |
| 新城区 | 0.00 | 0.00 | 0.20 | 0.00 | 0.00 | 0.12 | 0.02 | 0.34 |
| 宝丰县 | 0.21 | 4.08 | 2.76 | 0.69 | 1.93 | 6.01 | 1.29 | 16.97 |
| 叶县 | 0.16 | 6.18 | 7.35 | 1.63 | 3.10 | 12.31 | 2.22 | 32.95 |
| 鲁山县 | 0.00 | 4.53 | 3.53 | 0.46 | 0.22 | 4.10 | 0.53 | 13.37 |
| 郏县 | 1.11 | 4.80 | 1.08 | 0.57 | 7.51 | 7.97 | 2.08 | 25.12 |
| 舞钢市 | 0.17 | 0.42 | 2.23 | 0.28 | 0.43 | 2.19 | 0.60 | 6.32 |
| 平顶山市 | 2.44 | 28.18 | 19.92 | 4.10 | 15.32 | 43.44 | 7.74 | 121.14 |

**表 5-21　平顶山市各区域各农作物种植面积（三）**（2013 年）　单位：千公顷

| 地区 | 苹果园 | 梨园 | 桃园 | 葡萄园 | 枣园 | 柿园 | 总计 |
|---|---|---|---|---|---|---|---|
| 汝州市 | 0.72 | 0.23 | 3.01 | 0.16 | 0.00 | 0.00 | 4.12 |
| 新华区 | 0.00 | 0.00 | 0.00 | 0.00 | 0.00 | 0.00 | 0.00 |
| 卫东区 | 0.00 | 0.00 | 0.05 | 0.01 | 0.00 | 0.00 | 0.06 |
| 石龙区 | 0.00 | 0.00 | 0.00 | 0.00 | 0.00 | 0.00 | 0.00 |
| 湛河区 | 0.01 | 0.00 | 0.03 | 0.02 | 0.00 | 0.00 | 0.06 |
| 高新区 | 0.00 | 0.00 | 0.00 | 0.01 | 0.00 | 0.00 | 0.01 |
| 新城区 | 0.00 | 0.00 | 0.00 | 0.03 | 0.00 | 0.00 | 0.03 |
| 宝丰县 | 0.16 | 0.03 | 0.25 | 0.06 | 0.03 | 0.06 | 0.59 |
| 叶县 | 0.08 | 0.21 | 0.62 | 0.11 | 0.15 | 0.12 | 1.29 |
| 鲁山县 | 0.09 | 0.63 | 0.79 | 0.39 | 0.03 | 0.31 | 2.24 |
| 郏县 | 0.16 | 0.24 | 0.49 | 0.09 | 0.19 | 0.20 | 1.37 |
| 舞钢市 | 0.04 | 0.31 | 0.37 | 0.14 | 0.01 | 0.04 | 0.91 |
| 平顶山市 | 1.26 | 1.65 | 5.61 | 1.02 | 0.41 | 0.73 | 10.68 |

### 2. 平顶山市各区域各农作物堆肥潜在需求量

根据第三章式（3-1）和表 3-1 各种作物的施肥原单位，以及表 5-19~表 5-21 平顶山市各区域各农作物种植面积，计算出平顶山市各区域各农作物的堆肥年潜在需求量，计算结果如表 5-22~表 5-24 所示。

**表 5-22　平顶山市各区域各农作物堆肥潜在需求量（一）**（2013 年）　单位：万吨/年

| 地区 | 小麦 | 稻谷 | 玉米 | 大豆 | 薯类 | 总计 |
|---|---|---|---|---|---|---|
| 汝州市 | 45.33 | 0.03 | 43.59 | 1.31 | 8.30 | 98.56 |
| 新华区 | 0.83 | 0.00 | 0.48 | 0.36 | 0.24 | 1.91 |
| 卫东区 | 1.36 | 0.00 | 0.86 | 0.29 | 0.02 | 2.53 |
| 石龙区 | 0.31 | 0.00 | 0.27 | 0.06 | 0.24 | 0.88 |
| 湛河区 | 2.66 | 0.48 | 1.35 | 0.12 | 0.16 | 4.77 |
| 高新区 | 1.48 | 0.00 | 1.44 | 0.00 | 0.00 | 2.92 |
| 新城区 | 1.90 | 0.00 | 1.97 | 0.06 | 0.04 | 3.97 |

续表

| 地区 | 小麦 | 稻谷 | 玉米 | 大豆 | 薯类 | 总计 |
|---|---|---|---|---|---|---|
| 宝丰县 | 24.58 | 0.00 | 21.97 | 0.12 | 0.30 | 46.97 |
| 叶县 | 54.52 | 0.00 | 47.05 | 5.91 | 4.76 | 112.24 |
| 鲁山县 | 29.12 | 0.64 | 24.94 | 0.56 | 4.36 | 59.62 |
| 郏县 | 30.00 | 0.00 | 15.45 | 5.10 | 16.62 | 67.19 |
| 舞钢市 | 15.10 | 0.00 | 13.70 | 1.94 | 1.00 | 31.74 |
| 平顶山市 | 207.19 | 1.15 | 173.07 | 15.83 | 36.04 | 433.28 |

**表 5-23　平顶山市各区域各农作物堆肥潜在需求量（二）**（2013 年）　单位：万吨/年

| 地区 | 棉花 | 花生 | 油菜籽 | 芝麻 | 烤烟 | 蔬菜类 | 瓜类 | 总计 |
|---|---|---|---|---|---|---|---|---|
| 汝州市 | 1.19 | 11.21 | 3.75 | 0.62 | 4.24 | 12.78 | 1.92 | 35.71 |
| 新华区 | 0.00 | 0.03 | 0.03 | 0.05 | 0.02 | 0.92 | 0.00 | 1.05 |
| 卫东区 | 0.00 | 0.17 | 0.05 | 0.00 | 0.00 | 0.16 | 0.04 | 0.42 |
| 石龙区 | 0.00 | 0.06 | 0.08 | 0.02 | 0.00 | 0.18 | 0.00 | 0.34 |
| 湛河区 | 0.00 | 0.75 | 0.26 | 0.03 | 0.00 | 7.10 | 0.00 | 8.14 |
| 高新区 | 0.00 | 0.05 | 0.00 | 0.00 | 0.00 | 0.34 | 0.04 | 0.43 |
| 新城区 | 0.00 | 0.00 | 0.30 | 0.00 | 0.00 | 0.24 | 0.04 | 0.58 |
| 宝丰县 | 0.30 | 6.12 | 4.14 | 1.04 | 3.86 | 12.02 | 2.58 | 30.06 |
| 叶县 | 0.24 | 9.25 | 11.03 | 2.45 | 6.20 | 24.62 | 4.44 | 58.23 |
| 鲁山县 | 0.00 | 6.80 | 5.27 | 0.69 | 0.44 | 8.20 | 1.06 | 22.46 |
| 郏县 | 1.67 | 7.20 | 1.62 | 0.83 | 15.02 | 15.94 | 4.16 | 46.44 |
| 舞钢市 | 0.26 | 0.63 | 3.35 | 0.42 | 0.86 | 4.38 | 1.20 | 11.10 |
| 平顶山市 | 3.66 | 42.27 | 29.88 | 6.15 | 30.64 | 86.88 | 15.48 | 214.96 |

**表 5-24　平顶山市各区域各农作物堆肥潜在需求量（三）**（2013 年）　单位：万吨/年

| 地区 | 苹果园 | 梨园 | 桃园 | 葡萄园 | 枣园 | 柿园 | 总计 |
|---|---|---|---|---|---|---|---|
| 汝州市 | 1.44 | 0.46 | 6.02 | 0.32 | 0.00 | 0.00 | 8.24 |
| 新华区 | 0.00 | 0.00 | 0.00 | 0.00 | 0.00 | 0.00 | 0.00 |
| 卫东区 | 0.00 | 0.00 | 0.10 | 0.02 | 0.00 | 0.00 | 0.12 |

续表

| 地区 | 苹果园 | 梨园 | 桃园 | 葡萄园 | 枣园 | 柿园 | 总计 |
|---|---|---|---|---|---|---|---|
| 石龙区 | 0.00 | 0.00 | 0.00 | 0.00 | 0.00 | 0.00 | 0.00 |
| 湛河区 | 0.02 | 0.00 | 0.06 | 0.04 | 0.00 | 0.00 | 0.12 |
| 高新区 | 0.00 | 0.00 | 0.00 | 0.02 | 0.00 | 0.00 | 0.02 |
| 新城区 | 0.00 | 0.00 | 0.00 | 0.06 | 0.00 | 0.00 | 0.06 |
| 宝丰县 | 0.32 | 0.06 | 0.50 | 0.12 | 0.06 | 0.12 | 1.18 |
| 叶县 | 0.16 | 0.42 | 1.24 | 0.22 | 0.30 | 0.24 | 2.58 |
| 鲁山县 | 0.18 | 1.26 | 1.58 | 0.78 | 0.06 | 0.62 | 4.48 |
| 郏县 | 0.32 | 0.48 | 0.98 | 0.18 | 0.38 | 0.40 | 2.74 |
| 舞钢市 | 0.08 | 0.62 | 0.74 | 0.28 | 0.02 | 0.08 | 1.82 |
| 平顶山市 | 2.52 | 3.30 | 11.22 | 2.04 | 0.82 | 1.46 | 21.36 |

根据现场调查和依据当地的耕作习惯，按农作物品种及实际种植面积对各类农作物堆肥潜在需求量进行计算。平顶市各农作物堆肥潜在需求总量约 669.60 万吨/年。各农作物中堆肥潜在需求量最大的是小麦，需求量约 207.19 万吨/年，约占平顶山市潜在需求总量的 31%。各区域中潜在需求量最大的叶县，约 173.05 万吨/年，占全平顶山市潜在需求总量的 26%。其次是汝州市，其潜在需求量约 142.51 万吨/年，约占全平顶山市潜在需求总量的 21%。市内各区域种植面积相对较小，堆肥潜在需求量也相对较少。由总体数据可以看出平顶山市农作物品种繁多，同时农业有机废弃物堆肥潜在需求量也较大。

## 三、平顶山市各区域农业有机废弃物堆肥潜在供给量的计算

### 1. 平顶山市各区域各畜禽粪便堆肥潜在供给量的计算

1）平顶山市各区域各畜禽的养殖量

根据《平顶山市统计年鉴》[72]，2013 年年末，平顶山市畜禽存栏总数 3187.95 万头（只、羽），各区域各种畜禽的存栏情况如表 5-25 所示。其中大型牲畜，包括牛、马、驴、骡共计 58.71 万头，占全市畜禽存栏总数的 1.84%。猪 271.53 万头，占全市畜禽存栏总数的 8.52%。羊 97.68 万只，占全市畜禽存栏总数的 3.06%。家禽 2699.73 万羽，占全市畜禽存栏总数的 84.69%。家兔 60.3 万只，占全市畜禽存栏总数的 1.89%。从数量上来看，平顶山市以家禽饲养为主。大型牲畜养殖以牛为主，各种牛的存栏量为 53.33 万头，占大型牲畜存栏总数的 90.84%。

**表 5-25　平顶山各区域各畜禽存栏数量**　　单位：万头（只、羽）

| 地区 | 牛 | 马 | 驴 | 骡 | 猪 | 羊 | 家禽 | 家兔 | 总计 |
|---|---|---|---|---|---|---|---|---|---|
| 汝州市 | 20.63 | 1.33 | 1.53 | 0.76 | 64.16 | 13.18 | 718.75 | 11.90 | 832.24 |
| 新华区 | 0.08 | 0.00 | 0.00 | 0.00 | 0.94 | 0.58 | 1.15 | 0.00 | 2.75 |
| 卫东区 | 0.05 | 0.00 | 0.00 | 0.00 | 2.62 | 0.93 | 7.30 | 0.00 | 10.90 |
| 石龙区 | 0.01 | 0.00 | 0.00 | 0.00 | 1.65 | 0.12 | 6.95 | 0.00 | 8.73 |
| 湛河区 | 0.24 | 0.00 | 0.00 | 0.00 | 2.69 | 1.52 | 43.84 | 0.00 | 48.29 |
| 高新区 | 0.03 | 0.00 | 0.00 | 0.00 | 5.58 | 0.70 | 22.05 | 0.00 | 28.36 |
| 新城区 | 0.03 | 0.00 | 0.00 | 0.00 | 1.87 | 0.43 | 14.94 | 0.32 | 17.59 |
| 宝丰县 | 7.75 | 0.46 | 0.58 | 0.00 | 40.98 | 6.32 | 245.50 | 9.84 | 311.43 |
| 叶县 | 10.74 | 0.00 | 0.00 | 0.00 | 68.92 | 45.09 | 632.89 | 4.95 | 762.59 |
| 鲁山县 | 2.96 | 0.17 | 0.06 | 0.00 | 24.33 | 10.22 | 200.14 | 4.84 | 242.72 |
| 郏县 | 8.22 | 0.13 | 0.12 | 0.03 | 21.74 | 12.85 | 390.28 | 13.85 | 447.22 |
| 舞钢市 | 2.59 | 0.09 | 0.12 | 0.00 | 36.05 | 5.74 | 415.94 | 14.60 | 475.13 |
| 平顶山市 | 53.33 | 2.18 | 2.41 | 0.79 | 271.53 | 97.68 | 2699.73 | 60.30 | 3187.95 |

平顶山市各区域中，叶县的各种畜禽存栏总数约 762.59 万头（只、羽），占全市畜禽存栏总数的 23.9%。其中牛存栏数为 10.74 万头，占全市牛存栏总数的 20.13%；猪养殖量 68.92 万头，占全市猪存栏总数的 25.38%；羊存栏数 45.09 万只，占全市羊存栏总数的 46.26%；家禽养殖量 632.89 万羽，占全市家禽存栏总数的 23.44%；家兔存栏数 4.95 万只，占全市家兔存栏总数的 8.2%。

2）平顶山市各区域各畜禽粪便堆肥潜在供给量

根据第三章式（3-2）和表 3-2 各种畜禽粪便的发生原单位及堆肥率，以及表 5-25 平顶山市各畜禽的存栏数量，计算出平顶山市各区域各畜禽粪便堆肥的年潜在供给量，计算结果如表 5-26 所示。

**表 5-26　平顶山市各区域各畜禽粪便堆肥潜在供给量**（2013 年）　单位：万吨/年

| 地区 | 牛 | 马 | 驴 | 骡 | 猪 | 羊 | 家禽 | 家兔 | 总计 |
|---|---|---|---|---|---|---|---|---|---|
| 汝州市 | 53.61 | 1.84 | 1.25 | 0.62 | 19.67 | 6.06 | 20.46 | 0.42 | 103.93 |
| 新华区 | 0.21 | 0.00 | 0.00 | 0.00 | 0.29 | 0.27 | 0.03 | 0.00 | 0.80 |
| 卫东区 | 0.13 | 0.00 | 0.00 | 0.00 | 0.81 | 0.43 | 0.21 | 0.00 | 1.58 |
| 石龙区 | 0.03 | 0.00 | 0.00 | 0.00 | 0.51 | 0.06 | 0.20 | 0.00 | 0.80 |
| 湛河区 | 0.62 | 0.00 | 0.00 | 0.00 | 0.82 | 0.70 | 1.25 | 0.00 | 3.39 |

续表

| 地区 | 牛 | 马 | 驴 | 骡 | 猪 | 羊 | 家禽 | 家兔 | 总计 |
|---|---|---|---|---|---|---|---|---|---|
| 高新区 | 0.08 | 0.00 | 0.00 | 0.00 | 1.71 | 0.31 | 0.63 | 0.00 | 2.74 |
| 新城区 | 0.08 | 0.00 | 0.00 | 0.00 | 0.57 | 0.20 | 0.43 | 0.01 | 1.29 |
| 宝丰县 | 20.14 | 0.64 | 0.47 | 0.00 | 12.56 | 2.91 | 6.99 | 0.34 | 44.05 |
| 叶县 | 27.91 | 0.00 | 0.00 | 0.00 | 21.13 | 20.74 | 18.02 | 0.17 | 87.97 |
| 鲁山县 | 7.69 | 0.24 | 0.05 | 0.00 | 7.46 | 4.70 | 5.70 | 0.17 | 26.01 |
| 郏县 | 21.36 | 0.18 | 0.10 | 0.02 | 6.67 | 5.91 | 11.11 | 0.49 | 45.84 |
| 舞钢市 | 6.73 | 0.12 | 0.10 | 0.00 | 11.05 | 2.64 | 11.84 | 0.51 | 32.99 |
| 平顶山市 | 138.59 | 3.02 | 1.97 | 0.64 | 83.25 | 44.93 | 76.87 | 2.11 | 351.38 |

平顶山市畜禽粪便堆肥的潜在供给总量约351.38万吨/年。各区域中堆肥潜在供给量最大的区域是叶县，堆肥潜在供给量约87.97万吨/年，占全市各畜禽粪便年堆肥潜在供给总量的25.03%。畜禽粪便堆肥潜在供给量最小的区域是新华区和石龙区，年潜在供给量均为0.80万吨/年，分别占全市各畜禽粪便年堆肥潜在供给总量的 0.22%。各区域各畜禽粪便堆肥的潜在供给量存在较大的偏差。从以上表格可看出，平顶山市的牛、猪、家禽粪便堆肥潜在供给量占据较大的比例，分别是39.44%、23.69%、21.88%。

2. 平顶市各区域各农作物秸秆堆肥潜在供给量的计算

由于作物在收获期间秸秆基本处于干燥状态，符合堆肥含水量要求，因此可全量作为堆肥使用。根据第三章式（3-3）和表3-3各种农作物秸秆的产生系数谷草比和粮食产量[72]，计算各农作物秸秆的发生量。平顶山市各区域各农作物秸秆堆肥的潜在供给量计算结果如表5-27所示。

**表5-27　平顶山市各区域各农作物秸秆堆肥潜在供给量**（2013年）　单位：万吨/年

| 地区 | 小麦 | 稻谷 | 玉米 | 大豆 | 薯类 | 棉花 | 花生 | 油料 | 芝麻 | 烤烟 | 总计 |
|---|---|---|---|---|---|---|---|---|---|---|---|
| 汝州市 | 27.37 | 0.01 | 24.12 | 0.39 | 1.43 | 0.28 | 2.99 | 1.26 | 0.12 | 0.85 | 58.82 |
| 新华区 | 0.35 | 0.00 | 0.01 | 0.00 | 0.00 | 0.00 | 0.00 | 0.00 | 0.00 | 0.00 | 0.36 |
| 卫东区 | 0.59 | 0.00 | 0.13 | 0.06 | 0.00 | 0.00 | 0.01 | 0.00 | 0.00 | 0.00 | 0.79 |
| 石龙区 | 0.07 | 0.00 | 0.03 | 0.00 | 0.00 | 0.00 | 0.00 | 0.00 | 0.00 | 0.00 | 0.10 |
| 湛河区 | 1.60 | 0.00 | 0.87 | 0.06 | 0.02 | 0.00 | 0.07 | 0.06 | 0.00 | 0.00 | 2.68 |
| 高新区 | 0.90 | 0.00 | 0.82 | 0.00 | 0.00 | 0.00 | 0.00 | 0.00 | 0.00 | 0.00 | 1.72 |

续表

| 地区 | 小麦 | 稻谷 | 玉米 | 大豆 | 薯类 | 棉花 | 花生 | 油料 | 芝麻 | 烤烟 | 总计 |
|---|---|---|---|---|---|---|---|---|---|---|---|
| 新城区 | 0.77 | 0.00 | 0.04 | 0.00 | 0.00 | 0.00 | 0.00 | 0.06 | 0.00 | 0.00 | 0.88 |
| 宝丰县 | 15.23 | 0.00 | 8.78 | 0.03 | 0.10 | 0.04 | 0.48 | 1.62 | 0.09 | 0.49 | 26.86 |
| 叶县 | 34.98 | 0.00 | 21.17 | 2.55 | 1.27 | 0.04 | 1.61 | 6.09 | 0.45 | 1.08 | 69.24 |
| 鲁山县 | 12.23 | 0.34 | 9.06 | 0.15 | 0.49 | 0.00 | 1.03 | 2.37 | 0.09 | 0.09 | 25.85 |
| 郏县 | 19.28 | 0.00 | 8.96 | 2.07 | 3.05 | 0.36 | 1.48 | 0.75 | 0.30 | 2.45 | 38.70 |
| 舞钢市 | 9.41 | 0.00 | 4.14 | 0.48 | 0.18 | 0.04 | 0.07 | 1.62 | 0.06 | 1.08 | 17.08 |
| 平顶山市 | 122.78 | 0.35 | 78.13 | 5.79 | 6.54 | 0.76 | 7.74 | 13.83 | 1.11 | 6.04 | 243.07 |

平顶山市秸秆堆肥潜在供给总量约243.07万吨/年，各农作物秸秆中堆肥潜在供给量最高的是小麦秸秆，约122.78万吨/年，占全市各秸秆堆肥潜在供给总量的50.51%。各区域中秸秆堆肥潜在供给量最高的是叶县，约69.24万吨/年，占全市各秸秆年堆肥潜在供给总量的28.48%。秸秆堆肥潜在供给量最小的是新华区，潜在供给量约0.36万吨/年，仅占全市各秸秆年堆肥潜在供给总量0.15%。由于市内各区域种植面积较小，因此和其他区域的秸秆堆肥潜在供给量存在较大的偏差。

## 四、平顶山市各区域农业有机废弃物堆肥需求供给平衡分析

平顶山市各区域堆肥潜在需求总量约669.60万吨/年，各农业有机废弃物（秸秆和畜禽粪便）堆肥的潜在供给总量约594.46万吨/年，平顶山各区域农业有机废弃物堆肥的需供比（潜在需求量/潜在供给量）如表5-28所示。根据表中数据可计算出平顶山市整体需供比约1.13。需供比超过1.0的情况说明潜在需求量高于潜在供给量，理论上农业有机废弃物全量可以被该地区的农业生产所利用。各区域中高新区、舞钢市、汝州市需供比均小于1.00，需求量小于供给量。主要原因是高新区地处市区，耕地面积少；舞钢市是以工业为主的城市，耕地所占比例较小；汝州市养殖业较发达但是种植面积较少，堆肥潜在供给量高于潜在需求量而造成此结果。新华区、湛河区、新城区需供比均超出2.00，蔬菜类作物种植较多，堆肥潜在需求量较大，地处市区农业有机废弃物堆肥供给量较少是主要原因。其余区域中鲁山县需供比约1.67、郏县需供比约1.38、石龙区需供比约1.34、卫东区需供比约1.29，需求量略大于供给量，种植业相对养殖业较为发达，堆肥的潜在需求量过大是主要原因。宝丰县需供比和叶县需供比均为1.10基本实现小区域

内需求供给平衡状态。研究表明平顶山市各区域堆肥需供比存在较大的偏差。

**表 5-28　平顶山市各区域农业有机废弃物堆肥需供比**

| 地区 | 潜在需求量/（万吨/年） | 潜在供给量/（万吨/年） | 需供比 |
|---|---|---|---|
| 汝州市 | 142.51 | 162.76 | 0.88 |
| 新华区 | 2.96 | 1.16 | 2.55 |
| 卫东区 | 3.07 | 2.37 | 1.29 |
| 石龙区 | 1.22 | 0.90 | 1.34 |
| 湛河区 | 13.03 | 6.07 | 2.15 |
| 高新区 | 3.37 | 4.46 | 0.76 |
| 新城区 | 4.61 | 2.17 | 2.12 |
| 宝丰县 | 78.21 | 70.90 | 1.10 |
| 叶县 | 173.05 | 157.21 | 1.10 |
| 鲁山县 | 86.56 | 51.85 | 1.67 |
| 郏县 | 116.35 | 84.55 | 1.38 |
| 舞钢市 | 44.66 | 50.06 | 0.89 |
| 平顶山市 | 669.60 | 594.46 | 1.13 |

## 五、结论

本节以平顶山市行政区域内的 6 区 2 市 4 县为对象，分别对以上各区域内的农作物对堆肥的潜在需求量及对各农业有机废弃物转换为堆肥的潜在供给量进行计算，对堆肥的需求和供给平衡进行定量分析，结果如下所示。

（1）研究对象平顶山市全体农业有机废弃物堆肥潜在需求量和潜在供给量的总需供比约 1.13，需求量大于供给量，该地区的农业有机废弃物全量可以被该地区农业所利用，堆肥的需求供给基本处于平衡状态。

（2）平顶山市的 6 区 2 市 4 县中高新区、舞钢市、汝州市堆肥需求量小于供给量。新华区、湛河区、新城区需求量远大于供给量。鲁山县、郏县、石龙区、卫东区需求量略大于供给量。宝丰县和叶县基本实现了小区域内需求供给平衡状态。研究表明平顶山市各区域堆肥需供比存在较大的偏差。

（3）平顶山市各畜禽粪便堆肥的潜在供给量约 351.38 万吨/年，占堆肥潜在供给总量的 59%，各种秸秆堆肥的潜在供给量约 243.07 万吨/年，占堆肥潜在供给总量的 41%，畜禽粪便由来的堆肥潜在供给量明显高于秸秆由来的堆肥潜在供给量。

# 第五节　安　阳　市

## 一、安阳市地理位置和农业概况

### 1. 安阳市地理位置

安阳市位于河南省的最北部，地处山西、河北、河南三省交汇处，西临长治市，东接濮阳市，北临邯郸市，南接鹤壁市、新乡市。介于东经 113°37′～114°58′、北纬 35°12′～36°22′之间。安阳市占地总面积是 7413 平方千米，西倚巍峨险峻的太行山，东联一望无际的华北平原。安阳市行政区域有北关区、文峰区、殷都区、龙安区、林州市、安阳县、汤阴县、滑县、内黄县，由 4 区 1 市 4 县组成（以下简称各区域）。

### 2. 安阳市农业概况

安阳市气候为典型的暖温带半湿润大陆性季风气候，气候温和，四季分明，日照充足，雨量适中，春季温暖，夏季炎热多雨，秋季凉爽，冬季寒冷干燥，历年平均气温 12.7～13.7 摄氏度。极端最高气温 43.2 摄氏度，极端最低气温–21.7 摄氏度，全年降雨量约为 606.1 毫米。适合种植小麦、玉米、花生、大豆、红薯、棉花等农作物，安阳市 2013 年全年农作物总播种面积 720.76 千公顷，小麦和玉米是该地区的主要粮食作物。

## 二、安阳市各区域堆肥潜在需求量的计算

### 1. 安阳市各区域各农作物种植面积

根据文献[73]和对安阳市的现场调查，统计出安阳市 2013 年全年各农作物种植面积如表 5-29 所示。

**表 5-29　安阳市各区域各农作物种植面积**（2013 年）　　单位：千公顷

| 地区 | 夏收粮 | 秋收粮 | 油料类 | 果蔬类 | 棉花 | 总计 |
|---|---|---|---|---|---|---|
| 文峰区 | 2.65 | 3.04 | 0.05 | 1.78 | 0.02 | 7.54 |
| 北关区 | 1.40 | 1.44 | 0.01 | 1.75 | 0.02 | 4.63 |
| 殷都区 | 2.06 | 2.20 | 0.00 | 0.49 | 0.00 | 4.75 |
| 龙安区 | 6.50 | 8.13 | 0.97 | 0.46 | 0.00 | 16.06 |
| 安阳县 | 48.50 | 57.80 | 2.56 | 13.09 | 1.03 | 122.98 |

续表

| 地区 | 夏收粮 | 秋收粮 | 油料类 | 果蔬类 | 棉花 | 总计 |
|---|---|---|---|---|---|---|
| 汤阴县 | 34.69 | 32.77 | 2.88 | 10.92 | 0.71 | 81.97 |
| 滑县 | 113.83 | 69.68 | 29.43 | 39.63 | 3.08 | 255.65 |
| 内黄县 | 56.34 | 24.65 | 20.86 | 36.43 | 0.67 | 138.95 |
| 林州市 | 33.68 | 47.36 | 3.24 | 3.58 | 0.38 | 88.24 |
| 安阳市 | 299.65 | 247.07 | 60.00 | 108.13 | 5.91 | 720.76 |

安阳市主要农作物夏收粮种植面积最高，约 299.65 千公顷，其次是秋收粮种植面积约 247.07 千公顷。安阳市总体耕种面积约 720.76 千公顷，耕种面积最多的是滑县，约 255.65 千公顷。其次是内黄县，耕种面积约 138.95 千公顷。

2. 安阳市各区域各农作物堆肥潜在需求量

根据第三章式（3-1）和表 3-1 各种作物的施肥原单位，以及表 5-29 安阳市各区域各农作物种植面积，计算出安阳市各区域各农作物的堆肥年潜在需求量，计算结果如表 5-30 所示。

**表 5-30　安阳市各区域各农作物堆肥潜在需求量**（2013 年）　单位：万吨/年

| 地区 | 夏收粮 | 秋收粮 | 油料类 | 果蔬类 | 棉花 | 总计 |
|---|---|---|---|---|---|---|
| 文峰区 | 2.65 | 3.04 | 0.08 | 3.56 | 0.03 | 9.36 |
| 北关区 | 1.40 | 1.44 | 0.02 | 3.50 | 0.04 | 6.40 |
| 殷都区 | 2.06 | 2.20 | 0.00 | 0.97 | 0.00 | 5.23 |
| 龙安区 | 6.50 | 8.13 | 1.45 | 0.92 | 0.00 | 17.00 |
| 安阳县 | 48.50 | 57.80 | 3.84 | 26.18 | 1.55 | 137.87 |
| 汤阴县 | 34.69 | 32.77 | 4.31 | 21.83 | 1.06 | 94.66 |
| 滑县 | 113.83 | 69.68 | 44.15 | 79.27 | 4.62 | 311.55 |
| 内黄县 | 56.34 | 24.65 | 31.28 | 72.87 | 1.00 | 186.14 |
| 林州市 | 33.68 | 47.36 | 4.87 | 7.16 | 0.57 | 93.64 |
| 安阳市 | 299.65 | 247.07 | 90.00 | 216.26 | 8.87 | 861.85 |

根据现场调查和依据当地的耕作习惯，按农作物品种及实际种植面积对各类农作物堆肥潜在需求量进行计算。安阳市各区域各农作物堆肥潜在需求总量约 861.85 万吨/年。各农作物中堆肥潜在需求量最大的是夏收粮，堆肥潜在需求量约 299.65 万吨/年，占全市潜在需求总量的 34.77%。其次是秋收粮，堆肥潜在需求量约 247.07 万吨/年，占全市潜在需求总量的 28.67%。各区域中潜在需求量最大

的滑县约 311.55 万吨/年，占全市堆肥潜在需求总量的 36.15%。其次是内黄县潜在需求量 186.14 万吨/年，约占全市堆肥潜在需求总量的 21.60%。市内各区域种植面积相对较小，堆肥潜在需求量也相对较少。由总体数据可以看出，安阳市农作物以粮食和果蔬类种植为主，有着较大的农业有机废弃物堆肥潜在需求量。

## 三、安阳市各区域农业有机废弃物堆肥潜在供给量的计算

### 1. 安阳市各区域各畜禽粪便堆肥潜在供给量的计算

1）安阳市各区域各畜禽的养殖量

根据《安阳市统计年鉴》[73]，2013 年年末，安阳市畜禽存栏总数 4649.06 万头（只、羽），各区域各种畜禽的存栏情况如表 5-31 所示。其中大型牲畜，包括牛、马、驴、骡合计 27.18 万头，占全市畜禽存栏总数的 0.9%。猪 191.25 万头，占全市畜禽存栏总数的 4.11%。羊 71.01 万只，占全市畜禽存栏总数的 1.53%。家禽 4277.98 万羽，占全市畜禽存栏总数的 92.02%。家兔 81.64 万只，占全市畜禽存栏总数的 1.76%。从数量上来看，安阳市以家禽饲养为主。大型牲畜养殖以牛为主，牛的存栏数为 24.59 万头，占大型牲畜存栏总数的 90.04%。

**表 5-31 安阳市各区域各畜禽存栏数量** 单位：万头（只、羽）

| 地区 | 牛 | 乳牛 | 马 | 驴 | 骡 | 猪 | 羊 | 家禽 | 家兔 | 总计 |
|---|---|---|---|---|---|---|---|---|---|---|
| 文峰区 | 0.00 | 0.02 | 0.00 | 0.00 | 0.00 | 0.39 | 0.04 | 16.73 | 0.00 | 17.18 |
| 北关区 | 0.00 | 0.05 | 0.00 | 0.00 | 0.00 | 0.75 | 0.03 | 10.82 | 0.00 | 11.65 |
| 殷都区 | 0.00 | 0.01 | 0.00 | 0.00 | 0.00 | 0.18 | 0.05 | 7.58 | 0.00 | 7.82 |
| 龙安区 | 0.08 | 0.08 | 0.00 | 0.01 | 0.01 | 1.76 | 0.36 | 47.58 | 0.10 | 49.98 |
| 安阳县 | 4.48 | 0.33 | 0.00 | 0.27 | 0.09 | 26.44 | 3.94 | 708.60 | 5.68 | 749.83 |
| 汤阴县 | 1.24 | 0.44 | 0.00 | 0.00 | 0.00 | 10.91 | 3.90 | 779.90 | 3.63 | 800.02 |
| 滑县 | 14.74 | 0.26 | 0.00 | 0.10 | 0.01 | 26.90 | 33.10 | 998.31 | 11.25 | 1084.67 |
| 内黄县 | 2.26 | 0.19 | 0.00 | 0.03 | 0.00 | 30.90 | 27.10 | 591.80 | 21.07 | 673.35 |
| 林州市 | 1.79 | 0.38 | 0.02 | 0.23 | 0.06 | 93.02 | 2.49 | 1116.66 | 39.91 | 1254.56 |
| 安阳市 | 24.59 | 1.76 | 0.02 | 0.64 | 0.17 | 191.25 | 71.01 | 4277.98 | 81.64 | 4649.06 |

安阳市各区域中林州市各种畜禽存栏总数最高，占全市存栏总数的 26.99%。大型牲畜中牛存栏总数最多的是滑县的 14.74 万头，占全市大型牲畜存栏总数的 54.23%。猪存栏数量最多的是林州市的 93.02 万头，占全市猪存栏总数的 48.64%。羊存栏数最多的是滑县的 33.10 万只，占全市羊存栏总数的 46.61%。家禽存栏数

量最多的是林州市的1116.66万羽，占全市家禽存栏总数的26.10%。家兔存栏数最多的是林州市的39.91万只，占全市家兔存栏总数48.89%。林州市和滑县养殖业均较为发达，各畜禽存栏数分别在安阳市存栏总数中占有较高的比例。

2）安阳市各区域各畜禽粪便堆肥潜在供给量

根据第三章式（3-2）和表3-2各种畜禽粪便的发生原单位及堆肥率，以及表5-31安阳市各畜禽的存栏数量，计算出安阳市各区域各畜禽粪便堆肥的年潜在供给量，计算结果如表5-32所示。

**表5-32 安阳市各区域各畜禽粪便堆肥潜在供给量**（2013年） 单位：万吨/年

| 地区 | 牛 | 奶牛 | 猪 | 骡 | 驴 | 马 | 家兔 | 家禽 | 羊 | 总计 |
|---|---|---|---|---|---|---|---|---|---|---|
| 文峰区 | 0.00 | 0.13 | 0.15 | 0.00 | 0.00 | 0.00 | 0.00 | 0.47 | 0.02 | 0.77 |
| 北关区 | 0.00 | 0.33 | 0.30 | 0.00 | 0.00 | 0.00 | 0.00 | 0.31 | 0.01 | 0.95 |
| 殷都区 | 0.00 | 0.07 | 0.07 | 0.00 | 0.00 | 0.00 | 0.00 | 0.22 | 0.02 | 0.38 |
| 龙安区 | 0.21 | 0.53 | 0.69 | 0.01 | 0.01 | 0.00 | 0.01 | 1.36 | 0.17 | 2.99 |
| 安阳县 | 11.77 | 2.18 | 10.42 | 0.11 | 0.33 | 0.00 | 0.20 | 20.17 | 1.81 | 46.99 |
| 汤阴县 | 3.26 | 2.92 | 4.30 | 0.00 | 0.00 | 0.00 | 0.13 | 22.23 | 1.80 | 34.63 |
| 滑县 | 38.74 | 1.73 | 10.60 | 0.01 | 0.12 | 0.00 | 0.40 | 28.42 | 15.22 | 95.24 |
| 内黄县 | 5.94 | 1.26 | 12.18 | 0.00 | 0.04 | 0.00 | 0.74 | 16.85 | 12.46 | 49.47 |
| 林州市 | 4.70 | 2.52 | 36.67 | 0.07 | 0.28 | 0.04 | 1.40 | 31.79 | 1.15 | 78.63 |
| 安阳市 | 64.62 | 11.68 | 75.38 | 0.20 | 0.78 | 0.04 | 2.88 | 121.82 | 32.66 | 310.05 |

安阳市畜禽粪便堆肥的潜在供给总量约310.05万吨/年。各区域中堆肥潜在供给量最大的是滑县，堆肥潜在供给量约95.24万吨/年，占全市各畜禽粪便年堆肥潜在供给总量的30.72%。畜禽粪便堆肥潜在供给量最小的区域是殷都区，潜在供给量约0.38万吨/年，仅占全市各畜禽粪便堆肥潜在供给总量的0.12%。各区域各畜禽粪便堆肥的潜在供给量存在较大的偏差。从表5-32也可看出，安阳市家禽粪便堆肥潜在供给量所占比例最高，约39.29%。牛、猪粪便堆肥潜在供给量也占据较大的比例，分别是24.61%、24.31%。

2. 安阳市各区域各农作物秸秆堆肥潜在供给量的计算

由于作物在收获期间秸秆基本处于干燥状态，符合堆肥含水量要求，因此可全量作为堆肥使用。根据第三章式（3-3）和表3-3各种农作物秸秆的产生系数谷草比和粮食产量[73]，计算各农作物秸秆的发生量。安阳市各区域各农作物秸秆堆肥的潜在供给量计算结果如表5-33所示。

表 5-33 安阳市各区域各农作物秸秆堆肥潜在供给量（2013 年） 单位：万吨/年

| 地区 | 小麦 | 玉米 | 豆类 | 花生 | 油料类 | 棉花 | 总计 |
|---|---|---|---|---|---|---|---|
| 文峰区 | 1.75 | 1.80 | 0.00 | 0.00 | 0.03 | 0.01 | 3.59 |
| 北关区 | 1.00 | 1.16 | 0.00 | 0.00 | 0.00 | 0.01 | 2.17 |
| 殷都区 | 1.43 | 1.90 | 0.00 | 0.00 | 0.00 | 0.00 | 3.33 |
| 龙安区 | 2.33 | 3.54 | 0.02 | 0.00 | 0.01 | 0.71 | 6.61 |
| 安阳县 | 31.66 | 41.28 | 0.28 | 0.14 | 0.60 | 0.42 | 74.38 |
| 汤阴县 | 24.25 | 23.26 | 0.33 | 0.63 | 0.41 | 0.31 | 49.19 |
| 滑县 | 92.74 | 64.65 | 0.54 | 10.73 | 0.25 | 1.12 | 170.03 |
| 内黄县 | 36.16 | 17.48 | 0.12 | 9.11 | 0.15 | 0.27 | 63.29 |
| 林州市 | 13.71 | 22.23 | 1.19 | 0.18 | 0.31 | 0.20 | 37.82 |
| 安阳市 | 205.03 | 177.30 | 2.48 | 20.79 | 1.76 | 3.05 | 410.41 |

安阳市各种秸秆堆肥的潜在供给总量约 410.41 万吨/年，其中小麦和玉米秸秆分别占全市各种秸秆堆肥潜在供给总量的 49.96%和 43.20%。各区域中秸秆堆肥的潜在供给量最大的滑县约 170.02 万吨/年，占全市各秸秆年堆肥潜在供给总量的 41.43%。市内 4 区种植面积较少，秸秆堆肥潜在供给量所占比例较小。安阳市各区域秸秆堆肥的年潜在供给量同样也存在较大的偏差。

## 四、安阳市各区域农业有机废弃物堆肥需求供给平衡分析

安阳市堆肥潜在需求总量约 861.85 万吨/年，各农业有机废弃物（畜禽粪便和秸秆）堆肥的潜在供给总量约 720.46 万吨/年，安阳市各区域农业有机废弃物堆肥的需供比（潜在需求量/潜在供给量）如表 5-34 所示。根据表中数据可以计算出安阳市整体需供比约 1.20。需供比超过 1.0 的情况说明潜在需求量高于潜在供给量，理论上农业有机废弃物全量可以被该地区的农业生产所利用。各区域中只有林州市需求量小于供给量，需供比约为 0.80。主要是因为林州市地处山区农业种植面积小堆肥需求量较少，但是养殖业较为发达，堆肥供给量充足。市内各区域需求量较大的有文峰区，需供比约 2.15，北关区，需供比约 2.04。该两区域有大量的蔬菜生产从而堆肥需求量较大，两区域地处市区堆肥的潜在供给量较小是主要原因。龙安区、内黄县需供比分别约为 1.77 和 1.65，需求量都远大于供给量，需求量较大但没有充足的堆肥供给量是主要原因。安阳县、汤阴县和滑县基本实现小区域内需求供给平衡状态。

**表 5-34　安阳市各区域农业有机废弃物堆肥需供比**

| 地区 | 潜在需求量/（万吨/年） | 潜在供给量/（万吨/年） | 需供比 |
|---|---|---|---|
| 文峰区 | 9.36 | 4.36 | 2.15 |
| 北关区 | 6.40 | 3.12 | 2.04 |
| 殷都区 | 5.23 | 3.71 | 1.41 |
| 龙安区 | 17.00 | 9.60 | 1.77 |
| 安阳县 | 137.87 | 121.38 | 1.14 |
| 汤阴县 | 94.66 | 83.82 | 1.13 |
| 滑县 | 311.55 | 265.27 | 1.17 |
| 内黄县 | 186.14 | 112.76 | 1.65 |
| 林州市 | 93.64 | 116.44 | 0.80 |
| 安阳市 | 861.85 | 720.46 | 1.20 |

## 五、结论

本节以安阳市行政区域内的 4 区 1 市 4 县为对象，分别对以上各区域内的农作物对堆肥的潜在需求量及对各农业有机废弃物转换为堆肥的潜在供给量进行计算，对堆肥的需求和供给平衡进行定量分析，结果如下所示。

（1）研究对象安阳市全体农业有机废弃物堆肥潜在需求量和潜在供给量的总需供比约 1.2，需求量大于供给量，该地区的农业有机废弃物全量可以被该地区农业所利用。

（2）安阳市的 4 区 1 市 4 县中，林州市堆肥需求量小于供给量，安阳县、汤阴县和滑县小区域内堆肥需求供给基本平衡，其余各区域需求量远大于供给量，堆肥处于供不应求局面。

（3）安阳市各畜禽粪便堆肥的潜在供给量约 310.05 万吨/年，占堆肥潜在供给总量的 43%，各种秸秆堆肥的潜在供给量约 410.41 万吨/年，占堆肥潜在供给总量的 57%，畜禽粪便由来的堆肥潜在供给量明显低于秸秆由来的堆肥潜在供给量。

# 第六节　鹤　壁　市

## 一、鹤壁市地理位置和农业概况

### 1. 鹤壁市地理位置

鹤壁市位于河南省北部，太行山东麓向华北平原过渡地带。介于东经

113°59′～114°45′、北纬 35°26′～36°02′之间。北与安阳市、安阳县为邻，西和林州市、辉县市搭界，东与内黄县、滑县毗连，南和卫辉市、延津县接壤。南北长 67 千米，东西宽 69 千米，总面积 2299 平方千米，其中市区面积 513 平方千米。鹤壁市行政区域有淇滨区、山城区、鹤山区、经济技术开发区、浚县、淇县，由 4 区 2 县组成（以下简称各区域）。

2. 鹤壁市农业概况

鹤壁市位于太行山东麓和华北平原的过渡地带，属暖温带半湿润型季风气候，四季分明，光照充足，温差较大。春季多风少雨，夏季炎热湿润，秋季秋高气爽，冬季寒冷多雾。年平均气温 14.2～15.5 摄氏度，鹤壁市土地肥沃，盛产粮食、棉花、油料等。鹤壁市畜牧产业发达，是河南省主要的生猪、肉鸡和蛋鸡生产基地。人均畜牧业产值、人均蛋类总产量等主要指标排序连续十三年居河南省 18 个省辖市之首。畜牧业产值占农林牧渔业总产值的比例达到 57.63%。鹤壁市 2013 年全年农作物种植面积达 192.82 千公顷，主要农作物有小麦、玉米、油料、棉花和各种蔬菜等。

## 二、鹤壁市各区域堆肥潜在需求量的计算

1. 鹤壁市各区域各农作物种植面积

根据文献[74]和对鹤壁市的现场调查，统计出鹤壁市 2013 年全年各农作物种植面积如表 5-35 所示。鹤壁市主要农作物夏收粮种植面积最高，约 87.57 千公顷，其次是秋收粮种植面积约 81.23 千公顷。鹤壁市总体耕种面积约 192.82 千公顷。各区域中耕种面积最多的是浚县，约 113.81 千公顷。最少的是开发区，耕种面积约 2.56 千公顷。

**表 5-35 鹤壁市各区域各农作物种植面积**（2013 年） 单位：千公顷

| 地区 | 夏收粮 | 秋收粮 | 油料类 | 棉花 | 果蔬类 | 其他 | 总计 |
|---|---|---|---|---|---|---|---|
| 淇滨区 | 8.15 | 8.69 | 0.45 | 0.13 | 1.21 | 0.00 | 18.63 |
| 山城区 | 3.04 | 3.13 | 0.42 | 0.08 | 1.80 | 0.00 | 8.47 |
| 鹤山区 | 1.34 | 1.72 | 0.15 | 0.52 | 0.78 | 1.06 | 5.57 |
| 开发区 | 1.25 | 1.25 | 0.00 | 0.06 | 0.00 | 0.00 | 2.56 |
| 淇县 | 20.63 | 21.08 | 0.63 | 0.15 | 1.29 | 0.00 | 43.78 |
| 浚县 | 53.16 | 45.36 | 8.61 | 0.09 | 6.58 | 0.01 | 113.81 |
| 鹤壁市 | 87.57 | 81.23 | 10.26 | 1.03 | 11.66 | 1.07 | 192.82 |

2. 鹤壁市各区域各农作物堆肥潜在需求量

根据第三章式（3-1）和表 3-1 各种作物的施肥原单位，以及表 5-35 鹤壁市各区域各农作物种植面积，计算出鹤壁市各区域各农作物的堆肥年潜在需求量，计算结果如表 5-36 所示。

**表 5-36　鹤壁市各区域各农作物堆肥潜在需求量**（2013 年）　单位：万吨/年

| 地区 | 夏收粮 | 秋收粮 | 油料类 | 棉花 | 果蔬类 | 其他 | 总计 |
|---|---|---|---|---|---|---|---|
| 淇滨区 | 8.15 | 8.69 | 0.67 | 0.20 | 2.42 | 0.00 | 20.13 |
| 山城区 | 3.04 | 3.13 | 0.63 | 0.11 | 3.60 | 0.00 | 10.51 |
| 鹤山区 | 1.34 | 1.72 | 0.23 | 0.78 | 1.56 | 2.12 | 7.75 |
| 开发区 | 1.25 | 1.25 | 0.00 | 0.09 | 0.00 | 0.00 | 2.59 |
| 淇县 | 20.63 | 21.08 | 0.93 | 0.23 | 2.58 | 0.00 | 45.45 |
| 浚县 | 53.16 | 45.36 | 12.92 | 0.14 | 13.16 | 0.02 | 124.76 |
| 鹤壁市 | 87.57 | 81.23 | 15.39 | 1.55 | 23.32 | 2.14 | 211.19 |

根据现场调查和依据当地的耕作习惯，按农作物品种及实际种植面积对各类农作物堆肥潜在需求量进行计算。鹤壁市各区域各农作物堆肥潜在需求总量约 211.19 万吨/年。其中潜在需求量最大的浚县约 124.76 万吨/年，占全市需肥总量的 59.07%，浚县的夏收粮和秋收粮的堆肥潜在需求量分别占鹤壁市夏收粮和秋收粮堆肥潜在需求量的 60.71%和 55.84%。市内各区的种植面积相对较小，需肥量也相对较少，鹤壁市各区域堆肥的潜在需求量存在较大的偏差。从总体数据可以看出，鹤壁市堆肥潜在需求量最大的是夏收粮作物和秋收粮作物，其次是油料类作物。

## 三、鹤壁市各区域农业有机废弃物堆肥潜在供给量的计算

1. 鹤壁市各区域各畜禽粪便堆肥潜在供给量的计算

1）鹤壁市各区域各畜禽的养殖量

根据《鹤壁市统计年鉴》[74]，2013 年年末，鹤壁市畜禽存栏总数 4127.06 万头（只、羽），各区域各种畜禽的存栏情况如表 5-37 所示。其中大型牲畜，包括牛、马、驴、骡合计 4.73 万头，占全市畜禽存栏总数的 0.11%。猪 157.07 万头，占全市畜禽存栏总数的 3.81%。羊 31.59 万只，占全市畜禽存栏总数的 0.77%。家

禽 3916.00 万羽，全市畜禽存栏总数的 94.89%。家兔 17.67 万只，占全市畜禽存栏总数的 0.40%。从表中数据来看，鹤壁市养殖业较为发达，养殖业以家禽饲养为主。鹤壁市各区域中，淇县各种畜禽存栏总数占全市存栏总数 50%以上，在鹤壁市各区域中养殖业最为发达。

**表 5-37　鹤壁市各区域各畜禽存栏数量**　　单位：万头（只、羽）

| 地区 | 繁殖猪 | 育肥猪 | 奶牛 | 肉牛 | 山羊 | 绵羊 | 家禽 | 马 | 驴 | 骡 | 家兔 | 总计 |
|---|---|---|---|---|---|---|---|---|---|---|---|---|
| 淇滨区 | 0.96 | 13.28 | 0.01 | 0.31 | 4.03 | 1.14 | 404.00 | 0.00 | 0.00 | 0.04 | 0.72 | 424.45 |
| 山城区 | 0.63 | 3.98 | 0.12 | 0.10 | 0.65 | 0.33 | 299.00 | 0.00 | 0.00 | 0.00 | 0.00 | 304.81 |
| 鹤山区 | 0.58 | 2.73 | 0.01 | 0.65 | 1.51 | 0.42 | 265.00 | 0.04 | 0.07 | 0.11 | 0.22 | 371.67 |
| 开发区 | 0.04 | 0.45 | 0.00 | 0.00 | 0.05 | 0.19 | 14.63 | 0.00 | 0.00 | 0.00 | 0.00 | 15.36 |
| 淇县 | 3.09 | 53.94 | 1.45 | 0.18 | 2.41 | 0.61 | 2000.00 | 0.06 | 0.00 | 0.00 | 2.40 | 2064.14 |
| 浚县 | 4.82 | 72.57 | 0.59 | 0.91 | 16.07 | 4.18 | 833.00 | 0.02 | 0.13 | 0.01 | 14.33 | 946.63 |
| 鹤壁市 | 10.12 | 146.95 | 2.18 | 2.15 | 24.72 | 6.87 | 3916.00 | 0.08 | 0.20 | 0.12 | 17.67 | 4127.06 |

2）鹤壁市各区域各畜禽粪便堆肥潜在供给量

根据第三章式（3-2）和表 3-2 各种畜禽粪便的发生原单位及堆肥率，以及表 5-37 鹤壁市各畜禽的存栏数量，计算出鹤壁市各区域各畜禽粪便堆肥的年潜在供给量，计算结果如表 5-38 所示。

**表 5-38　鹤壁市各区域各畜禽粪便堆肥潜在供给量**（2013 年）　单位：万吨/年

| 地区 | 繁殖猪 | 育肥猪 | 奶牛 | 肉牛 | 山羊 | 绵羊 | 家禽 | 马 | 驴 | 骡 | 家兔 | 总计 |
|---|---|---|---|---|---|---|---|---|---|---|---|---|
| 淇滨区 | 0.46 | 4.07 | 0.10 | 0.82 | 1.85 | 0.52 | 11.39 | 0.00 | 0.00 | 0.05 | 0.02 | 19.28 |
| 山城区 | 0.30 | 1.22 | 1.19 | 0.26 | 0.30 | 0.15 | 8.51 | 0.00 | 0.00 | 0.00 | 0.00 | 11.93 |
| 鹤山区 | 0.28 | 0.84 | 0.10 | 1.42 | 0.70 | 0.19 | 10.29 | 0.08 | 0.08 | 0.13 | 0.01 | 14.12 |
| 开发区 | 0.02 | 0.14 | 0.00 | 0.00 | 0.02 | 0.09 | 0.41 | 0.00 | 0.00 | 0.00 | 0.00 | 0.68 |
| 淇县 | 1.49 | 16.54 | 14.45 | 0.47 | 1.11 | 0.29 | 56.94 | 0.13 | 0.00 | 0.00 | 0.08 | 91.50 |
| 浚县 | 2.32 | 22.25 | 5.88 | 2.39 | 7.39 | 1.92 | 23.72 | 0.04 | 0.16 | 0.01 | 0.50 | 66.58 |
| 鹤壁市 | 4.87 | 45.06 | 21.72 | 5.36 | 11.37 | 3.16 | 111.26 | 0.25 | 0.24 | 0.19 | 0.61 | 204.09 |

鹤壁市畜禽粪便堆肥的潜在供给总量约 204.09 万吨/年。各区域中堆肥潜在供给量最大的是淇县，堆肥潜在供给量约 91.50 万吨/年，占全市各畜禽粪便年堆肥

潜在供给总量的 44.83%。畜禽粪便堆肥潜在供给量最小的区域是开发区，年潜在供给量约 0.68 万吨/年，仅占全市各畜禽粪便年堆肥潜在供给总量的 0.33%。各区域各畜禽粪便堆肥的年潜在供给量存在较大的偏差。从表 5-38 中也可看出，鹤壁市的家禽粪便和猪粪便堆肥潜在供给量占据较大的比例，分别是 54.52%和 24.46%。

2. 鹤壁市各区域各农作物秸秆堆肥潜在供给量的计算

由于作物在收获期间秸秆基本处于干燥状态，符合堆肥含水量要求，因此可全量作为堆肥使用。根据第三章式（3-3）和表 3-3 各种农作物秸秆的产生系数谷草比和粮食产量[74]，计算各农作物秸秆的发生量。鹤壁市各区域各农作物秸秆堆肥的潜在供给量计算结果如表 5-39 所示。

**表 5-39　鹤壁市各区域各农作物秸秆堆肥潜在供给量**（2013 年）　单位：万吨/年

| 地区 | 小麦 | 玉米 | 棉花 | 豆类 | 稻谷 | 薯类 | 花生 | 油料类 | 总计 |
|---|---|---|---|---|---|---|---|---|---|
| 淇滨区 | 6.73 | 7.28 | 0.01 | 0.09 | 0.03 | 0.11 | 0.05 | 0.13 | 14.43 |
| 山城区 | 1.23 | 1.28 | 0.02 | 0.10 | 0.06 | 0.04 | 0.01 | 0.07 | 2.81 |
| 鹤山区 | 0.55 | 0.56 | 0.00 | 0.01 | 0.13 | 0.02 | 0.00 | 0.03 | 1.30 |
| 开发区 | 1.04 | 1.18 | 0.00 | 0.00 | 0.00 | 0.00 | 0.00 | 0.00 | 2.22 |
| 淇县 | 17.32 | 20.01 | 0.01 | 0.02 | 0.02 | 0.16 | 0.12 | 0.07 | 37.71 |
| 浚县 | 46.44 | 43.65 | 0.03 | 0.22 | 0.03 | 0.10 | 2.20 | 0.10 | 92.77 |
| 鹤壁市 | 73.31 | 73.96 | 0.07 | 0.44 | 0.27 | 0.41 | 2.38 | 0.40 | 151.24 |

鹤壁市秸秆堆肥的潜在供给总量约 151.24 万吨/年，其中玉米和小麦秸秆分别占鹤壁市各种秸秆堆肥潜在供给总量的 48.90%和 48.47%。各区域中秸秆堆肥潜在供给量最大的是浚县，占鹤壁市各秸秆年堆肥潜在供给总量的 61.34%。年秸秆堆肥潜在供给量最小的区域是鹤山区，秸秆潜在供给量约 1.30 万吨/年，仅占鹤壁市各秸秆年堆肥潜在供给总量的 0.86%。鹤壁市各区域秸秆堆肥年潜在供给量同样也存在较大的偏差。

## 四、鹤壁市各区域农业有机废弃物堆肥需求供给平衡分析

鹤壁市各区域堆肥潜在需求总量约 211.19 万吨/年，各农业有机废弃物（畜禽粪便和秸秆）堆肥的潜在供给总量约 355.43 万吨/年，鹤壁市各区域农业有机废弃

物堆肥的需供比（潜在需求量/潜在供给量）如表 5-40 所示。根据以上数据计算出鹤壁市整体需供比约 0.59。说明潜在需求量低于潜在供给量，理论上农业有机废弃物不能完全被该地区的农业生产所利用，并且出现大量剩余现象。鹤壁市各区域农业有机废弃物堆肥需供比均不超过 1.0。其中淇县的需供比最低约 0.35，该县的种植面积较小，但各种畜禽养殖总数占鹤壁市 50%以上，有大量的畜禽粪便堆肥潜在供给量存在，因此需供比偏低。鹤壁市整体种植面积最少，但养殖业较为发达是造成该市各区域需供比偏低的主要原因。

**表 5-40　鹤壁市各区域农业有机废弃物堆肥需供比**

| 地区 | 潜在需求量/（万吨/年） | 潜在供给量/（万吨/年） | 需供比 |
|---|---|---|---|
| 淇滨区 | 20.13 | 33.71 | 0.60 |
| 山城区 | 10.51 | 14.74 | 0.71 |
| 鹤山区 | 7.75 | 15.42 | 0.50 |
| 开发区 | 2.59 | 2.90 | 0.89 |
| 淇县 | 45.45 | 129.21 | 0.35 |
| 浚县 | 124.76 | 159.35 | 0.78 |
| 鹤壁市 | 211.19 | 355.43 | 0.59 |

## 五、结论

本节以鹤壁市行政区域内的 4 区 2 县为对象，分别对以上各区域内的农作物对堆肥的潜在需求量及对各农业有机废弃物转换为堆肥的潜在供给量进行计算，对堆肥的需求和供给平衡进行定量分析，结果如下所示。

（1）研究对象鹤壁市全体农业有机废弃物堆肥潜在需求量和潜在供给量的总需供比约 0.59，潜在需求量低于潜在供给量，理论上农业有机废弃物不能完全被该地区的农业生产所利用，而且出现大量剩余现象。

（2）鹤壁市的 4 区 2 县农业有机废弃物堆肥需供比均不超过 1.0。鹤壁市整体种植面积最少，但养殖业较为发达是造成该市各区域需供比偏低的主要原因。

（3）鹤壁市各畜禽粪便堆肥的潜在供给量约 204.09 万吨/年，占堆肥潜在供给总量的 57.44%，各种秸秆堆肥的潜在供给量约 151.24 万吨/年，占堆肥潜在供给总量的 42.56%，畜禽粪便由来的堆肥潜在供给量明显高于秸秆由来的堆肥潜在供给量。

# 第七节 新 乡 市

## 一、新乡市地理位置和农业概况

### 1. 新乡市地理位置

新乡市位于河南省北部，北依太行，南临黄河，地处东经113°54′、北纬35°18′。新乡市与河南省的省会郑州市、古都开封市隔河相望，与鹤壁市、安阳市毗邻。西连煤城焦作市，与晋东南接壤，东接油城濮阳市，与鲁西相连，是豫北的经济和交通中心，是中原城市群的核心区及重要城市之一。新乡市总面积8629平方千米，新乡市行政区域有红旗区、卫滨区、牧野区、凤泉区、卫辉市、辉县市、新乡县、延津县、封丘县、长垣县、原阳县、获嘉县，两个国家级开发区，即新乡高新技术产业开发区和新乡经济技术开发区，一个城市新区，即平原新区，由4区2市6县2开发区和1新区组成（以下简称各区域）。

### 2. 新乡市农业概况

新乡市隶属暖温带大陆性季风气候，四季分明，冬寒夏热，秋凉春早，年平均气温14摄氏度，年均湿度68%，最大冻土深度280毫米，年平均降水量656.3毫米。每年有220天无霜期，全年日照时间约2400小时。新乡市地处黄河、海河两大流域，平原占地总面积78%。土地肥沃、光热充沛，适宜种植多种农作物，是全国重要的商品粮基地和优质小麦生产基地，优质专用小麦种植面积占小麦种植面积的比例超过80%，被评为全国粮食生产先进市。新乡市畜牧业发展水平较高，全市肉、蛋、奶产量分别达39.43万吨、35.9万吨和34.8万吨，畜牧业产值比例达到38.2%。2013年全年农作物总播种面积1411.69千公顷，主要农作物有小麦、玉米、油料作物、棉花及各种蔬菜等。

## 二、新乡市各区域堆肥潜在需求量的计算

### 1. 新乡市各区域各农作物种植面积

新乡市行政区域内有4区2市6县2开发区1新区组成。由于2开发区1新区种植面积较小，在以下统计及计算中数据合计，并统称开发区。根据文献[75]和对新乡市的现场调查，统计出新乡市2013年全年各农作物种植面积如表5-41所示。新乡市主要农作物夏收粮种植面积最高，约627.78千公顷，其次是夏收粮

种植面积约 599.41 千公顷。新乡市总体耕种面积约 1411.69 千公顷。各区域中耕种面积最多的是原阳县，约 247.66 千公顷；其次是长垣县，耕种面积约 216.50 千公顷。

**表 5-41　新乡市各区域各农作物种植面积（2013 年）**　　单位：千公顷

| 地区 | 夏收粮 | 秋收粮 | 红薯 | 棉花 | 豆类 | 油料类 | 果蔬类 | 总计 |
|---|---|---|---|---|---|---|---|---|
| 红旗区 | 6.50 | 6.45 | 0.01 | 0.20 | 0.04 | 0.15 | 0.26 | 13.61 |
| 卫滨区 | 3.51 | 3.51 | 0.00 | 0.02 | 0.00 | 0.02 | 0.61 | 7.67 |
| 凤泉区 | 8.72 | 8.44 | 0.01 | 0.07 | 0.27 | 0.22 | 0.85 | 18.59 |
| 开发区 | 3.73 | 3.73 | 0.00 | 0.03 | 0.00 | 0.07 | 0.18 | 7.74 |
| 牧野区 | 5.62 | 5.57 | 0.00 | 0.01 | 0.05 | 0.00 | 2.16 | 13.40 |
| 新乡县 | 35.72 | 35.51 | 0.00 | 0.77 | 0.21 | 2.63 | 3.87 | 78.71 |
| 获嘉县 | 47.88 | 47.53 | 0.14 | 0.38 | 0.22 | 0.26 | 6.02 | 102.43 |
| 原阳县 | 115.23 | 107.32 | 0.56 | 0.59 | 7.35 | 10.05 | 6.56 | 247.66 |
| 延津县 | 67.41 | 65.07 | 1.23 | 2.68 | 1.10 | 27.10 | 6.83 | 171.44 |
| 封丘县 | 94.08 | 85.51 | 4.37 | 1.41 | 4.20 | 13.75 | 11.80 | 215.12 |
| 长垣县 | 94.61 | 88.62 | 1.69 | 0.50 | 4.30 | 17.28 | 9.49 | 216.50 |
| 卫辉市 | 55.39 | 54.68 | 0.40 | 0.64 | 0.31 | 3.60 | 6.35 | 121.37 |
| 辉县市 | 89.38 | 87.47 | 1.53 | 0.05 | 0.37 | 7.60 | 11.08 | 197.49 |
| 新乡市 | 627.78 | 599.41 | 9.94 | 7.35 | 18.42 | 82.73 | 66.06 | 1411.69 |

### 2. 新乡市各区域各农作物堆肥潜在需求量

根据第三章式（3-1）和表 3-1 各种作物的施肥原单位，以及表 5-41 新乡市各区域各农作物种植面积，计算出新乡市各区域各农作物的堆肥年潜在需求量，计算结果如表 5-42 所示。

**表 5-42　新乡市各区域各农作物堆肥潜在需求量（2013 年）**　　单位：万吨/年

| 地区 | 夏收粮 | 秋收粮 | 红薯 | 棉花 | 豆类 | 油料类 | 果蔬类 | 总计 |
|---|---|---|---|---|---|---|---|---|
| 红旗区 | 6.50 | 6.45 | 0.02 | 0.30 | 0.06 | 0.23 | 0.52 | 14.08 |
| 卫滨区 | 3.51 | 3.51 | 0.00 | 0.03 | 0.00 | 0.03 | 1.22 | 8.30 |
| 凤泉区 | 8.72 | 8.44 | 0.02 | 0.11 | 0.41 | 0.32 | 1.71 | 19.73 |
| 开发区 | 3.73 | 3.73 | 0.00 | 0.05 | 0.00 | 0.10 | 0.36 | 7.97 |

续表

| 地区 | 夏收粮 | 秋收粮 | 红薯 | 棉花 | 豆类 | 油料类 | 果蔬类 | 总计 |
|---|---|---|---|---|---|---|---|---|
| 牧野区 | 5.62 | 5.57 | 0.00 | 0.02 | 0.08 | 0.00 | 4.29 | 15.58 |
| 新乡县 | 35.72 | 35.51 | 0.00 | 1.16 | 0.32 | 3.95 | 7.73 | 84.39 |
| 获嘉县 | 47.88 | 47.53 | 0.28 | 0.57 | 0.33 | 0.39 | 12.04 | 109.02 |
| 原阳县 | 115.23 | 107.32 | 1.12 | 0.89 | 11.03 | 15.08 | 13.11 | 263.78 |
| 延津县 | 67.41 | 65.07 | 2.46 | 4.04 | 1.66 | 40.65 | 13.66 | 194.95 |
| 封丘县 | 94.08 | 85.51 | 8.74 | 2.12 | 6.29 | 20.63 | 23.60 | 240.96 |
| 长垣县 | 94.61 | 88.62 | 3.38 | 0.75 | 6.45 | 25.94 | 18.98 | 238.73 |
| 卫辉市 | 55.39 | 54.68 | 0.80 | 0.96 | 0.47 | 5.40 | 12.70 | 130.40 |
| 辉县市 | 89.38 | 87.47 | 3.06 | 0.08 | 0.56 | 11.40 | 22.16 | 214.11 |
| 新乡市 | 627.78 | 599.41 | 19.88 | 11.08 | 27.66 | 124.12 | 132.07 | 1542.00 |

根据现场调查和依据当地的耕作习惯，按农作物品种及实际种植面积对各类农作物堆肥潜在需求量进行计算。新乡市各区域各农作物堆肥潜在需求总量约1542.00万吨/年。市内各区域和开发区的种植面积相对较小，需肥量也相对较少。新乡市各区域堆肥潜在需求量最大的原阳县约263.78万吨/年，占全市需肥总量的17.11%。各农作物中堆肥潜在需求量最大的是夏收粮，潜在需求量约627.78万吨/年；其次是秋收粮潜在需求量约599.41万吨/年。夏收粮和秋收粮的堆肥潜在需求量合计，约占全市需肥总量的79.58%。由以上数据可看出新乡市的主要农作物为粮食作物。

## 三、新乡市各区域农业有机废弃物堆肥潜在供给量的计算

### 1. 新乡市各区域各畜禽粪便堆肥潜在供给量的计算

#### 1）新乡市各区域各畜禽的养殖量

新乡市行政区域内有4区2市6县2开发区1新区组成。由于2开发区1新区的各种畜禽养殖数量较少，在以下统计及计算中数据合计，并统称开发区。根据《新乡市统计年鉴》[75]，2013年年末，新乡市畜禽存栏总数4751.68万头（只、羽），各区域各种畜禽的存栏情况如表5-43所示。其中大型牲畜，包括牛、马、驴、骡合计45.06万头，占全市畜禽存栏总数的0.95%。猪278.97万头，占全市畜禽存栏总数的5.87%。羊64.17万只，占全市畜禽存栏总数的1.35%。家禽4252.20

万羽，占全市畜禽存栏总数的 89.49%。家兔 111.28 万只，占全市畜禽存栏总数的 2.34%。从数量上来看，新乡市养殖业以家禽饲养为主。

新乡市各区域中各种畜禽养殖总数最多的是卫辉市，存栏总数约 902.69 万头（只、羽），占新乡市总体的 19.00%。其次是辉县市的存栏总数约占新乡市总体的 15.13%，原阳县存栏总数也占有较高的比例，约为新乡市总体的 14.35%。

**表 5-43　新乡市各区域各畜禽存栏数量**　　单位：万头（只、羽）

| 地区 | 猪 | 牛 | 羊 | 家兔 | 家禽 | 马 | 驴 | 骡 | 总计 |
|---|---|---|---|---|---|---|---|---|---|
| 红旗区 | 0.65 | 0.15 | 0.36 | 9.29 | 11.06 | 0.00 | 0.00 | 0.00 | 21.51 |
| 卫滨区 | 0.42 | 0.37 | 0.09 | 0.00 | 22.00 | 0.00 | 0.00 | 0.00 | 22.88 |
| 凤泉区 | 3.08 | 0.23 | 0.20 | 0.00 | 37.09 | 0.00 | 0.00 | 0.00 | 40.60 |
| 开发区 | 0.44 | 0.15 | 0.12 | 0.09 | 15.16 | 0.00 | 0.00 | 0.00 | 15.96 |
| 牧野区 | 1.03 | 0.48 | 0.09 | 0.00 | 38.83 | 0.00 | 0.00 | 0.00 | 40.43 |
| 新乡县 | 11.84 | 2.22 | 2.41 | 3.86 | 391.96 | 0.00 | 0.00 | 0.00 | 412.29 |
| 获嘉县 | 19.84 | 2.00 | 4.32 | 3.38 | 420.55 | 0.02 | 0.01 | 0.05 | 450.17 |
| 原阳县 | 24.69 | 8.89 | 10.67 | 4.14 | 633.23 | 0.01 | 0.04 | 0.01 | 681.68 |
| 延津县 | 19.51 | 2.48 | 10.37 | 3.39 | 410.65 | 0.05 | 0.05 | 0.04 | 446.54 |
| 封丘县 | 48.43 | 5.59 | 15.18 | 60.39 | 329.53 | 0.02 | 0.07 | 0.01 | 459.22 |
| 长垣县 | 24.09 | 5.09 | 8.04 | 19.45 | 481.92 | 0.02 | 0.04 | 0.00 | 538.65 |
| 卫辉市 | 48.11 | 11.07 | 6.95 | 6.99 | 829.35 | 0.07 | 0.09 | 0.06 | 902.69 |
| 辉县市 | 76.84 | 5.64 | 5.37 | 0.30 | 630.87 | 0.01 | 0.02 | 0.01 | 719.06 |
| 新乡市 | 278.97 | 44.36 | 64.17 | 111.28 | 4252.20 | 0.20 | 0.32 | 0.18 | 4751.68 |

2）新乡市各区域各畜禽粪便堆肥潜在供给量

根据第三章式（3-2）和表 3-2 各种畜禽粪便的发生原单位及堆肥率，以及表 5-43 新乡市各畜禽的存栏数量，计算出新乡市各区域各畜禽粪便堆肥的年潜在供给量，计算结果如表 5-44 所示。

**表 5-44　新乡市各区域各畜禽粪便堆肥潜在供给量**（2013 年）　单位：万吨/年

| 地区 | 猪 | 牛 | 羊 | 家兔 | 家禽 | 马 | 驴 | 骡 | 总计 |
|---|---|---|---|---|---|---|---|---|---|
| 红旗区 | 0.20 | 0.39 | 0.17 | 0.33 | 0.31 | 0.00 | 0.00 | 0.00 | 1.40 |
| 卫滨区 | 0.13 | 0.96 | 0.04 | 0.00 | 0.63 | 0.00 | 0.00 | 0.00 | 1.76 |
| 凤泉区 | 0.94 | 0.60 | 0.09 | 0.00 | 1.06 | 0.00 | 0.00 | 0.00 | 2.69 |

续表

| 地区 | 猪 | 牛 | 羊 | 家兔 | 家禽 | 马 | 驴 | 骡 | 总计 |
|---|---|---|---|---|---|---|---|---|---|
| 开发区 | 0.13 | 0.39 | 0.06 | 0.00 | 0.43 | 0.00 | 0.00 | 0.00 | 1.01 |
| 牧野区 | 0.32 | 1.25 | 0.04 | 0.00 | 1.11 | 0.00 | 0.00 | 0.00 | 2.72 |
| 新乡县 | 3.63 | 8.49 | 1.11 | 0.14 | 11.16 | 0.00 | 0.00 | 0.00 | 24.53 |
| 获嘉县 | 6.08 | 5.20 | 1.99 | 0.12 | 11.97 | 0.04 | 0.01 | 0.06 | 25.47 |
| 原阳县 | 7.57 | 23.10 | 4.91 | 0.15 | 18.03 | 0.02 | 0.05 | 0.01 | 53.84 |
| 延津县 | 5.98 | 6.45 | 4.77 | 0.12 | 11.69 | 0.10 | 0.06 | 0.05 | 29.22 |
| 封丘县 | 14.85 | 14.53 | 6.98 | 2.12 | 9.38 | 0.04 | 0.09 | 0.01 | 48.00 |
| 长垣县 | 7.39 | 13.23 | 3.70 | 0.68 | 13.72 | 0.04 | 0.05 | 0.00 | 38.81 |
| 卫辉市 | 14.75 | 28.77 | 3.20 | 0.24 | 23.61 | 0.07 | 0.11 | 0.07 | 70.82 |
| 辉县市 | 23.56 | 14.66 | 2.47 | 0.01 | 17.96 | 0.15 | 0.02 | 0.01 | 58.84 |
| 新乡市 | 85.53 | 118.02 | 29.53 | 3.91 | 121.06 | 0.46 | 0.39 | 0.21 | 359.11 |

新乡市畜禽粪便堆肥的潜在供给总量约 359.11 万吨/年。堆肥潜在供给量最大的区域是卫辉市，堆肥潜在供给量约 70.82 万吨/年，占新乡市各畜禽粪便堆肥潜在供给总量的 16.38%。畜禽粪便堆肥潜在供给量最小的区域是开发区，潜在供给量约 1.01 万吨/年，仅占全市各畜禽粪便堆肥潜在供给总量的 0.28%。新乡市各区域畜禽粪便堆肥的年潜在供给量存在较大的偏差。从表 5-44 也可看出，新乡市的家禽、牛、猪粪便堆肥潜在供给量占据较大的比例，分别是 33.71%、32.86%、23.82%。

2. 新乡市各区域各农作物秸秆堆肥潜在供给量的计算

新乡市行政区域内有 4 区 2 市 6 县 2 开发区 1 新区组成。由于 2 开发区 1 新区农作物种植面积较小，秸秆发生量较少，在以下统计及计算中数据合计，并统称开发区。

由于作物在收获期间秸秆基本处于干燥状态，符合堆肥含水量要求，因此可全量作为堆肥使用。根据第三章式（3-3）和表 3-3 各种农作物秸秆的产生系数谷草比和粮食产量[75]，计算各农作物秸秆的发生量。新乡市各区域各农作物秸秆堆肥的潜在供给量计算结果如表 5-45 所示。

**表 5-45 新乡市各区域各农作物秸秆堆肥潜在供给量**（2013 年） 单位：万吨/年

| 地区 | 稻谷 | 小麦 | 玉米 | 棉花 | 豆类 | 红薯 | 花生 | 油料类 | 总计 |
|---|---|---|---|---|---|---|---|---|---|
| 红旗区 | 0.00 | 2.60 | 2.00 | 0.15 | 0.02 | 0.05 | 0.07 | 0.00 | 4.89 |

续表

| 地区 | 稻谷 | 小麦 | 玉米 | 棉花 | 豆类 | 红薯 | 花生 | 油料类 | 总计 |
|---|---|---|---|---|---|---|---|---|---|
| 卫滨区 | 0.00 | 1.28 | 1.49 | 0.00 | 0.00 | 0.00 | 0.00 | 0.00 | 2.77 |
| 凤泉区 | 0.00 | 3.14 | 32.66 | 0.04 | 0.14 | 0.01 | 0.01 | 0.02 | 36.02 |
| 开发区 | 0.00 | 1.42 | 1.01 | 0.00 | 0.00 | 0.00 | 0.02 | 0.00 | 2.45 |
| 牧野区 | 0.00 | 2.02 | 2.10 | 0.00 | 0.03 | 0.00 | 0.00 | 0.00 | 4.15 |
| 新乡县 | 0.36 | 15.38 | 14.57 | 0.37 | 0.11 | 0.00 | 1.17 | 0.00 | 31.96 |
| 获嘉县 | 6.96 | 16.36 | 12.42 | 0.22 | 0.08 | 0.14 | 0.07 | 0.00 | 36.25 |
| 原阳县 | 15.02 | 43.08 | 19.34 | 0.15 | 3.02 | 0.13 | 3.90 | 0.08 | 84.72 |
| 延津县 | 0.03 | 33.41 | 13.68 | 0.85 | 0.51 | 0.28 | 9.79 | 0.17 | 58.72 |
| 封丘县 | 2.55 | 42.86 | 19.48 | 0.67 | 1.47 | 1.42 | 4.18 | 0.14 | 72.77 |
| 长垣县 | 2.88 | 41.05 | 22.54 | 0.26 | 1.50 | 0.62 | 4.25 | 1.25 | 74.35 |
| 卫辉市 | 0.00 | 20.86 | 20.18 | 0.15 | 0.16 | 0.05 | 1.10 | 0.18 | 42.68 |
| 辉县市 | 0.02 | 30.54 | 33.23 | 0.04 | 0.14 | 0.24 | 1.57 | 0.06 | 65.84 |
| 新乡市 | 27.82 | 254.00 | 194.70 | 2.90 | 7.20 | 2.94 | 26.13 | 1.90 | 517.57 |

新乡市各秸秆堆肥潜在供给总量约 517.57 万吨/年，其中小麦和玉米秸秆分别占新乡市各种秸秆堆肥潜在供给总量的 49.08%和 37.62%。各区域中秸秆堆肥潜在供给量最大的是长垣县，占新乡市各秸秆年堆肥潜在供给总量的 14.37%。市内 4 区和开发区种植面积较少，秸秆堆肥潜在供给量所占比例较小。新乡市各区域各秸秆堆肥年潜在供给量同样也存在较大的偏差。

## 四、新乡市各区域农业有机废弃物堆肥需求供给平衡分析

新乡市堆肥潜在需求总量约 1542.00 万吨/年，各农业有机废弃物（畜禽粪便和秸秆）堆肥的潜在供给总量约 876.68 万吨/年，新乡市各区域农业有机废弃物堆肥的需供比（潜在需求量/潜在供给量）如表 5-46 所示。

**表 5-46　新乡市各区域农业有机废弃物堆肥需供比**

| 地区 | 潜在需求量/（万吨/年） | 潜在供给量/（万吨/年） | 需供比 |
|---|---|---|---|
| 红旗区 | 14.08 | 6.29 | 2.24 |
| 卫滨区 | 8.30 | 4.53 | 1.83 |
| 凤泉区 | 19.73 | 38.71 | 0.51 |

续表

| 地区 | 潜在需求量/（万吨/年） | 潜在供给量/（万吨/年） | 需供比 |
|---|---|---|---|
| 开发区 | 7.97 | 3.46 | 2.30 |
| 牧野区 | 15.58 | 6.87 | 2.27 |
| 新乡县 | 84.39 | 56.49 | 1.49 |
| 获嘉县 | 109.02 | 61.72 | 1.77 |
| 原阳县 | 263.78 | 138.56 | 1.90 |
| 延津县 | 194.95 | 87.94 | 2.22 |
| 封丘县 | 240.96 | 120.77 | 2.00 |
| 长垣县 | 238.73 | 113.16 | 2.11 |
| 卫辉市 | 130.40 | 113.50 | 1.15 |
| 辉县市 | 214.11 | 124.68 | 1.72 |
| 新乡市 | 1542.00 | 876.68 | 1.76 |

根据以上数据计算出新乡市整体需供比约 1.76。需供比超过 1.0 的情况说明潜在需求量高于潜在供给量，理论上农业有机废弃物全量可以被该地区的农业生产所利用。各区域中仅有凤泉区需求量小于供给量，需供比约为 0.51。主要是因为凤泉区处于新乡市中心位置，所以农业种植面积小，从而造成此结果。市区内需供比较大的区域，开发区需供比约 2.30，牧野区需供比约 2.27，红旗区需供比约 2.24，因为以上区域有一定的粮食和蔬菜种植但各种畜禽的养殖数量较少，堆肥潜在需求量远大于供给量所以造成此结果。卫滨区、新乡县、获嘉县、原阳县、延津县、长垣县、封丘县、辉县市需供比均不同程度地呈现较高值，堆肥潜在需求量较大但没有充足的堆肥潜在供给量是主要原因。另外，卫辉市基本实现小区域内堆肥需求供给平衡状态。

## 五、结论

本节以新乡市行政区域内的 4 区 2 市 6 县 2 开发区 1 新区为对象，分别对以上各区域内的农作物对堆肥的潜在需求量及对各农业有机废弃物转换为堆肥的潜在供给量进行计算，对堆肥的需求和供给平衡进行定量分析，结果如下所示。

（1）研究对象新乡市全体农业有机废弃物堆肥潜在需求量和潜在供给量的总需供比约 1.76，需求量大于供给量，该地区的农业有机废弃物全量可以被该地区农业所利用。

（2）新乡市的6区5市1县和开发区中仅有凤泉区堆肥需求量小于供给量，卫辉市小区域内堆肥需求供给基本平衡，其余各区域需求量远大于供给量，堆肥处于严重供不应求局面。

（3）新乡市各畜禽粪便堆肥的潜在供给量约359.11万吨/年，占堆肥潜在供给总量的40.96%，各种秸秆堆肥的潜在供给量约517.57万吨/年，占堆肥潜在供给总量的59.04%，畜禽粪便由来的堆肥潜在供给量明显少于秸秆由来的堆肥潜在供给量。

# 第八节　焦　作　市

## 一、焦作市地理位置和农业概况

### 1. 焦作市地理位置

焦作市位于河南省的西北部，北面与山西省晋城市接壤，南面与郑州市、洛阳市相邻。焦作市介于东经 112°32′48″～113°39′45″、北纬 34°48′16″～35°29′30″之间，是中国的东西结合点，南北交汇处。新欧亚大陆桥贯穿其境内，具有沟通东西南北的枢纽地位，还是南水北调中线穿越市中心的唯一城市。面积4072平方千米，截至2013年焦作市中心城区建成区面积110平方千米。焦作市行政区域有中站区、马村区、山阳区、解放区、高新技术开发区、沁阳市、孟州市、修武县、武陟县、温县、博爱县，由5区2市4县组成（以下简称各区域）。

### 2. 焦作市农业概况

焦作市整个地貌由低山、丘陵、坡岗、平原四部分组成，海拔在85～940米之间，地势高度由西北向东南递减，属暖温带大陆性季风气候。四季分明，冬春雨雪稀少，干旱多风，夏季炎热多雨，水热适中。由于地势倾斜和太行山屏障，气温高于新乡市、郑州市等地，平原地区年平均气温14.9摄氏度，山区比平原低2～3摄氏度，极值温度为43.3摄氏度、–16.9摄氏度，年均降雨量603.5毫米，无霜期231天，年日照时数2422.7小时。境内地表水有黄河、沁河、丹河等20多条河流。有青天河、群英河等中小型水库25座，地下水丰富，总储量35亿立方米，适合两季农作物生长。焦作市2013年全年农作物总播种面积340.03千公顷，主要农作物有小麦、玉米、水稻、棉花、油料及其他经济作物。焦作市是河南省主要的商品粮基地，是全国著名的粮食高产区和优良的小麦种子繁育基地之一。焦作市以农业传统优势为根本，不断优化农业结构，初步形成了六大特色优势产业，四大怀药、小麦种子、食用菌、无公害蔬菜、林果和畜牧。近年，四大怀药的山药、牛膝、地黄、菊花种植面积已达 16.4 千公顷，产值达 42.2 亿元。小麦种子以高产量、品质优、色泽亮、颗粒粒饱而闻名全国，种植面积达 40 千公顷，年总产量 2.4 亿千克，供种范围涵盖安徽、江苏等省份 106 个县，种植面积超过 1333 千公顷。食用菌发展迅猛，已由不足 0.3 万吨发展到现在的 12.5 万吨。蔬菜种植面积稳定在 42.6 千公顷，通过省级无公害蔬菜认证的种植面积已达 16.7 千公顷，仅博爱县蔬菜面积就达到 11 千公顷。焦作市畜牧业综合排名居全省第三位，全市肉类年产量达 18.4 万吨，蛋类年产量达 27.9 万吨，奶类年产量达 20.6 万吨，规模饲养场已经发展到 2800 多家。

## 二、焦作市各区域堆肥潜在需求量的计算

### 1. 焦作市各区域各农作物种植面积

根据文献[76]和对焦作市的现场调查，统计出焦作市 2013 年全年各农作物种植面积如表 5-47 所示。焦作市主要农作物夏收粮种植面积最高，约 140.05 千公顷，其次是秋收粮种植面积约 130.34 千公顷。焦作市总体耕种面积约 340.03 千公顷，各区域中耕种面积最多的是武陟县，约 86.45 千公顷。其次是沁阳市，耕种面积约 55.78 千公顷。

**表 5-47　焦作市各区域各农作物种植面积**（2013 年）　　单位：千公顷

| 地区 | 夏收粮 | 秋收粮 | 油料类 | 棉花 | 蔬菜类 | 瓜类 | 总计 |
|---|---|---|---|---|---|---|---|
| 解放区 | 0.26 | 0.25 | 0.00 | 0.00 | 0.03 | 0.00 | 0.54 |
| 中站区 | 1.07 | 1.46 | 0.26 | 0.00 | 0.35 | 0.00 | 3.14 |
| 马村区 | 3.52 | 4.26 | 0.20 | 0.00 | 0.34 | 0.00 | 8.32 |
| 山阳区 | 0.62 | 0.61 | 0.00 | 0.00 | 0.18 | 0.00 | 1.41 |
| 高新区 | 1.23 | 1.22 | 0.00 | 0.22 | 0.15 | 0.00 | 2.83 |
| 修武县 | 18.08 | 16.93 | 1.13 | 0.21 | 2.30 | 0.05 | 38.70 |
| 博爱县 | 14.68 | 15.12 | 0.67 | 0.10 | 10.97 | 0.16 | 41.70 |
| 武陟县 | 36.80 | 32.26 | 8.90 | 0.25 | 6.62 | 1.62 | 86.45 |
| 温县 | 21.14 | 16.24 | 3.51 | 0.90 | 6.51 | 0.99 | 49.29 |
| 沁阳市 | 21.58 | 22.58 | 1.18 | 0.20 | 9.36 | 0.88 | 55.78 |
| 孟州市 | 21.07 | 19.41 | 3.58 | 1.20 | 5.84 | 0.78 | 51.88 |
| 焦作市 | 140.05 | 130.34 | 19.43 | 3.08 | 42.65 | 4.48 | 340.03 |

2. 焦作市各区域各农作物堆肥潜在需求量

根据第三章式（3-1）和表 3-1 各种作物的施肥原单位，以及表 5-47 焦作市各区域各农作物种植面积，计算出焦作市各区域各农作物的堆肥潜在需求量，计算结果如表 5-48 所示。

**表 5-48　焦作市各区域各农作物堆肥潜在需求量**（2013 年）　　单位：万吨/年

| 地区 | 夏收粮 | 秋收粮 | 油料类 | 棉花 | 果蔬类 | 总计 |
| --- | --- | --- | --- | --- | --- | --- |
| 解放区 | 0.26 | 0.25 | 0.00 | 0.00 | 0.05 | 0.56 |
| 中站区 | 1.07 | 1.46 | 0.39 | 0.00 | 0.71 | 3.63 |
| 马村区 | 3.52 | 4.26 | 0.30 | 0.00 | 0.67 | 8.75 |
| 山阳区 | 0.62 | 0.61 | 0.00 | 0.00 | 0.35 | 1.58 |
| 高新区 | 1.23 | 1.22 | 0.00 | 0.33 | 0.30 | 3.08 |
| 修武县 | 18.08 | 16.93 | 1.68 | 0.31 | 4.60 | 41.60 |
| 博爱县 | 14.68 | 15.12 | 1.00 | 0.15 | 21.94 | 52.89 |
| 武陟县 | 36.80 | 32.26 | 13.35 | 0.37 | 13.25 | 96.03 |
| 温县 | 21.14 | 16.24 | 5.27 | 1.35 | 13.02 | 57.02 |
| 沁阳市 | 21.58 | 22.58 | 5.78 | 0.30 | 18.71 | 68.95 |
| 孟州市 | 21.07 | 19.41 | 5.38 | 1.80 | 11.67 | 59.33 |
| 焦作市 | 140.05 | 130.34 | 33.15 | 4.61 | 85.29 | 393.42 |

根据现场调查和依据当地的耕作习惯，按农作物品种及实际种植面积对各类农作物堆肥潜在需求量进行计算。焦作市各区域各农作物堆肥潜在需求总量约 393.42 万吨/年。市内各区和开发区的种植面积相对较小，需肥量也相对较少。焦作市各区域堆肥潜在需求量最大的武陟县约 96.03 万吨/年，占全焦作市需肥总量的 24.40%。各农作物中堆肥潜在需求量最大的是夏收粮，潜在需求量约 140.05 万吨/年。其次是秋收粮潜在需求量约 130.34 万吨/年。夏收粮和秋收粮的堆肥潜在需求量合计约占新乡市整体的 68.72%。果蔬类潜在需求量约 85.29 万吨/年，也占有较高的比例。

## 三、焦作市各区域农业有机废弃物堆肥潜在供给量的计算

1. 焦作市各区域各畜禽粪便堆肥潜在供给量的计算

1）焦作市各区域各畜禽的养殖量

根据《焦作市统计年鉴》[76]，2013 年年末，焦作市畜禽存栏总数 2933.32 万

头（只、羽），各区域各种畜禽的存栏情况如表 5-49 所示。其中牛有 24.62 万头，占全市畜禽存栏总数的 0.84%。猪 83.12 万头，占全市畜禽存栏总数的 2.83%。羊 43.06 万只，占全市畜禽存栏总数的 1.47%。家禽 2709.90 万羽，占全市畜禽存栏总数的 92.38%。家兔 72.61 万只，占全市畜禽存栏总数的 2.48%。焦作市各区域中，武陟县各种畜禽存栏总数最高，占全市的 33.56%。其次是修武县的存栏总数占全市的 23.91%。

**表 5-49　焦作市各区域各畜禽存栏数量**　　单位：万头（只、羽）

| 地区 | 牛 | 繁殖猪 | 育肥猪 | 羊 | 家禽 | 家兔 | 总计 |
|---|---|---|---|---|---|---|---|
| 解放区 | 0.04 | 0.10 | 0.51 | 0.01 | 14.00 | 0.00 | 14.66 |
| 中站区 | 0.10 | 0.09 | 0.45 | 1.14 | 14.08 | 0.00 | 15.86 |
| 马村区 | 0.10 | 0.20 | 1.01 | 0.68 | 21.65 | 0.22 | 23.86 |
| 山阳区 | 0.17 | 0.17 | 0.81 | 0.26 | 11.57 | 0.00 | 12.98 |
| 高新区 | 0.19 | 0.16 | 0.75 | 0.09 | 3.50 | 0.01 | 4.70 |
| 修武县 | 1.83 | 2.03 | 10.11 | 4.76 | 681.82 | 0.80 | 701.35 |
| 博爱县 | 5.28 | 1.62 | 8.06 | 4.59 | 238.65 | 10.66 | 268.86 |
| 武陟县 | 6.73 | 3.76 | 18.81 | 15.25 | 925.12 | 14.81 | 984.48 |
| 温县 | 2.99 | 2.12 | 10.44 | 5.81 | 280.45 | 8.69 | 310.50 |
| 沁阳市 | 4.11 | 1.86 | 9.17 | 5.65 | 316.65 | 19.73 | 357.17 |
| 孟州市 | 3.09 | 1.84 | 9.05 | 4.82 | 202.41 | 17.69 | 238.90 |
| 焦作市 | 24.63 | 13.95 | 69.17 | 43.06 | 2709.90 | 72.61 | 2933.32 |

2）焦作市各区域各畜禽粪便堆肥潜在供给量

根据第三章式（3-2）和表 3-2 各种畜禽粪便的发生原单位及堆肥率，以及表 5-49 焦作市各畜禽的存栏数量，计算出焦作市各区域各畜禽粪便堆肥的年潜在供给量，计算结果如表 5-50 所示。

**表 5-50　焦作市各区域各畜禽粪便堆肥潜在供给量**（2013 年）　　单位：万吨/年

| 地区 | 牛 | 繁殖猪 | 育肥猪 | 羊 | 家禽 | 家兔 | 总计 |
|---|---|---|---|---|---|---|---|
| 解放区 | 0.10 | 0.06 | 0.30 | 0.00 | 0.40 | 0.00 | 0.86 |
| 中站区 | 0.26 | 0.05 | 0.26 | 0.53 | 0.40 | 0.00 | 1.50 |
| 马村区 | 0.26 | 0.12 | 0.59 | 0.31 | 0.62 | 0.01 | 1.91 |
| 山阳区 | 0.44 | 0.10 | 0.47 | 0.12 | 0.33 | 0.00 | 1.46 |

续表

| 地区 | 牛 | 繁殖猪 | 育肥猪 | 羊 | 家禽 | 家兔 | 总计 |
|---|---|---|---|---|---|---|---|
| 高新区 | 0.49 | 0.09 | 0.44 | 0.04 | 0.10 | 0.00 | 1.16 |
| 修武县 | 4.81 | 1.19 | 5.90 | 2.19 | 19.41 | 0.03 | 33.53 |
| 博爱县 | 13.88 | 0.94 | 4.71 | 2.11 | 6.79 | 0.37 | 28.80 |
| 武陟县 | 17.70 | 2.19 | 10.99 | 7.01 | 26.34 | 0.52 | 64.75 |
| 温县 | 7.85 | 1.24 | 6.10 | 2.67 | 7.98 | 0.30 | 26.14 |
| 沁阳市 | 10.81 | 1.09 | 5.35 | 2.60 | 9.02 | 0.69 | 29.56 |
| 孟州市 | 8.11 | 1.07 | 5.29 | 2.22 | 5.76 | 0.62 | 23.07 |
| 焦作市 | 64.71 | 8.14 | 40.40 | 19.80 | 77.15 | 2.54 | 212.74 |

焦作市各畜禽粪便堆肥的潜在供给总量约 212.74 万吨/年。各区域中堆肥潜在供给量最大的是武陟县，堆肥潜在供给量约 64.75 万吨/年，占焦作市各畜禽粪便年堆肥潜在供给总量的 38.35%。畜禽粪便堆肥潜在供给量最小的区域是解放区，潜在供给量约 0.86 万吨/年，仅占焦作市各畜禽粪便年堆肥潜在供给总量的 0.4%。各区域各畜禽粪便堆肥的年潜在供给量存在较大的偏差。从以上表格也可看出，焦作市的家禽、牛、猪粪便堆肥潜在供给量占据较大的比例，分别是 36.26%、30.42%、22.81%。

2. 焦作市各区域各农作物秸秆堆肥潜在供给量的计算

由于作物在收获期间秸秆基本处于干燥状态，符合堆肥含水量要求，因此可全量作为堆肥使用。根据第三章式（3-3）和表 3-3 各种农作物秸秆的产生系数谷草比和粮食产量[76]，计算各农作物秸秆的发生量。焦作市各区域各农作物秸秆堆肥的潜在供给量计算结果如表 5-51 所示。

**表 5-51　焦作市各区域各农作物秸秆堆肥潜在供给量**（2013 年）　单位：万吨/年

| 地区 | 稻谷 | 小麦 | 玉米 | 豆类 | 红薯 | 花生 | 油料类 | 棉花 | 总计 |
|---|---|---|---|---|---|---|---|---|---|
| 解放区 | 0.00 | 0.20 | 0.16 | 0.01 | 0.00 | 0.00 | 0.00 | 0.00 | 0.37 |
| 中站区 | 0.00 | 0.51 | 0.60 | 0.06 | 0.03 | 0.00 | 0.01 | 0.00 | 1.21 |
| 马村区 | 0.00 | 2.17 | 2.19 | 0.02 | 0.02 | 0.01 | 0.01 | 0.00 | 4.42 |
| 山阳区 | 0.00 | 0.31 | 0.33 | 0.00 | 0.00 | 0.00 | 0.00 | 0.00 | 0.64 |
| 高新区 | 0.00 | 0.82 | 0.87 | 0.00 | 0.00 | 0.00 | 0.00 | 0.09 | 1.78 |

续表

| 地区 | 稻谷 | 小麦 | 玉米 | 豆类 | 红薯 | 花生 | 油料类 | 棉花 | 总计 |
|---|---|---|---|---|---|---|---|---|---|
| 修武县 | 0.00 | 13.21 | 12.86 | 0.32 | 0.03 | 0.28 | 0.00 | 0.07 | 26.77 |
| 博爱县 | 0.00 | 12.95 | 12.91 | 0.43 | 0.23 | 0.08 | 0.12 | 0.04 | 26.76 |
| 武陟县 | 40.41 | 32.55 | 22.59 | 0.89 | 0.28 | 3.61 | 0.14 | 0.10 | 100.57 |
| 温县 | 0.00 | 18.81 | 14.57 | 0.03 | 0.23 | 1.18 | 0.05 | 0.27 | 35.14 |
| 沁阳市 | 0.00 | 18.49 | 18.72 | 0.19 | 0.30 | 0.28 | 0.00 | 0.09 | 38.07 |
| 孟州市 | 0.00 | 17.73 | 16.29 | 0.22 | 0.14 | 0.97 | 0.28 | 0.49 | 36.12 |
| 焦作市 | 40.41 | 117.75 | 102.09 | 2.17 | 1.26 | 6.41 | 0.61 | 1.15 | 271.85 |

焦作市各种秸秆堆肥潜在供给总量约 271.85 万吨/年，其中小麦和玉米秸秆分别占焦作市各种秸秆堆肥潜在供给总量的 43.31%和 37.55%。各区域中秸秆堆肥潜在供给量最大的武陟县约 100.57 万吨/年，占焦作市各秸秆年堆肥潜在供给总量的 36.99%。年秸秆堆肥潜在供给量最小的区域是解放区，秸秆潜在供给量约 0.37 万吨/年，仅占焦作市各秸秆年堆肥潜在供给总量的 0.14%。焦作市各区域各秸秆堆肥年潜在供给量同样也存在较大的偏差。

## 四、焦作市各区域农业有机废弃物堆肥需求供给平衡分析

焦作市堆肥潜在需求总量约 393.42 万吨/年，各农业有机废弃物（畜禽粪便和秸秆）堆肥的潜在供给总量约 484.59 万吨/年，焦作各区域农业有机废弃物堆肥的需供比（潜在需求量/潜在供给量）如表 5-52 所示。根据以上数据计算出焦作市整体需供比约 0.81。需供比小于 1.0 的情况说明潜在需求量低于潜在供给量，理论上农业有机废弃物不能全部被该地区的农业生产所利用。各区域中解放区需供比最小，约为 0.46，主要是因为解放区处于焦作市中心位置，所以农业种植面积小，从而造成此结果。需供比最大的区域是马村区，需供比约 1.39。其次是中站区，需供比约 1.34，该两区域位于焦作市的郊区拥有一定的蔬菜种植，而堆肥供给量较小是造成需供比较大的主要原因。修武县、武陟县需供比分别约 0.69、0.58，需求量小于供给量，种植业较发达，没有充足的堆肥潜在供给量是主要原因。另外，高新区、博爱县、温县、沁阳市和孟州市呈现小区域内需求供给基本平衡状态。

表 5-52　焦作市各区域农业有机废弃物堆肥需供比

| 地区 | 潜在需求量/（万吨/年） | 潜在供给量/（万吨/年） | 需供比 |
| --- | --- | --- | --- |
| 解放区 | 0.56 | 1.23 | 0.46 |
| 中站区 | 3.63 | 2.71 | 1.34 |
| 马村区 | 8.75 | 6.33 | 1.39 |
| 山阳区 | 1.58 | 2.10 | 0.75 |
| 高新区 | 3.08 | 2.94 | 1.05 |
| 修武县 | 41.60 | 60.30 | 0.69 |
| 博爱县 | 52.89 | 55.56 | 0.95 |
| 武陟县 | 96.03 | 165.32 | 0.58 |
| 温县 | 57.02 | 61.28 | 0.93 |
| 沁阳市 | 68.95 | 67.63 | 1.02 |
| 孟州市 | 59.33 | 59.19 | 1.00 |
| 焦作市 | 393.42 | 484.59 | 0.81 |

## 五、结论

本节以焦作市行政区域内的 5 区 2 市 4 县为对象，分别对以上各区域内的农作物对堆肥的潜在需求量及对各农业有机废弃物转换为堆肥的潜在供给量进行计算，对堆肥的需求和供给平衡进行定量分析，结果如下所示。

（1）研究对象焦作市全体农业有机废弃物堆肥潜在需求量和潜在供给量的总需供比约 0.81，需求量小于供给量，该地区的农业有机废弃物不能全部被该地区的农业生产所利用。

（2）焦作市的各区域中需求量大于供给量的区域有马村区和中站区。需求量小于供给量的区域是解放区、修武县、武陟县。高新区、博爱县、温县、沁阳市和孟州市呈现小区域内需求供给基本平衡状态。

（3）焦作市各畜禽粪便堆肥的潜在供给量约 212.74 万吨/年，占堆肥潜在供给总量的 43.9%，各种秸秆堆肥的潜在供给量约 271.85 万吨/年，占堆肥潜在供给总量的 56.1%，畜禽粪便由来的堆肥潜在供给量明显小于秸秆由来的堆肥潜在供给量。

# 第九节 濮 阳 市

## 一、濮阳市地理位置和农业概况

1. 濮阳市地理位置

濮阳市位于河南省东北部，黄河下游北岸，是冀、鲁、豫三省交界处，旧称澶州。东、南部与山东省济宁市、菏泽市隔河相望，东北部与山东省聊城市、泰安市毗邻，北部与河北省邯郸市相连，西部与河南省安阳市接壤，西南部与河南省新乡市相倚。濮阳市地处北纬 35°20′0″～36°12′23″、东经 114°52′0″～116°5′4″之间，东西长 125 千米，南北宽 100 千米，土地面积为 4188 平方千米，约占全省土地面积的 2.57%。濮阳市是随着中原油田的开发而兴建的一座石油化工城市，是河南省确定的重点石油化工基地。濮阳市行政区域有华龙区、濮阳县、清丰县、南乐县、范县、台前县、开发区、工业园区、濮阳新区，由 1 区 5 县和 1 个国家级经济开发区、1 个工业园区和 1 个新区组成（以下简称各区域）。

2. 濮阳市农业概况

濮阳市地势平坦，属于河冲平原，气候宜人，土地肥沃，灌溉便利，是中国重要的商品粮生产基地和河南省粮棉主要产区之一。濮阳市地处北温带，属于暖温带季风气候，四季分明，春季干旱多风沙，夏季炎热雨量大，秋季晴和日照长，冬季干旱少雨雪。年平均气温为 13 摄氏度左右，无霜期一般有 200 天。年平均降水量为 500～600 毫米。适合生长小麦、玉米、棉花、油料等农作物。濮阳市 2013 年全年农作物总播种面积 502.18 千公顷。主要农作物有小麦、稻谷、玉米、大豆、薯类、花生、油料、棉花和各种蔬菜等。

## 二、濮阳市各区域堆肥潜在需求量的计算

1. 濮阳市各区域各农作物种植面积

濮阳市行政区域内有 1 区 5 县和 1 个国家级经济开发区、1 个工业园区、1 个新区组成。由于国家级经济开发区、工业园区和新区种植面积较小，在以下统计和计算中数据合计，并统称开发区。根据文献[77]和对濮阳市的现场调查，统计出濮阳市 2013 年全年各农作物种植面积如表 5-53 所示。濮阳市主要农作物夏收粮种植面积最高，约 219.04 千公顷，其次是秋收粮种植面积约 170.53 千公顷。濮阳市总体耕种面积约 502.18 千公顷，各区域中耕种面积最多的是濮阳县，耕种

面积约 169.92 千公顷。其次是清丰县，耕种面积约 113.98 千公顷。

**表 5-53　濮阳市各区域各农作物种植面积**（2013 年）　　单位：千公顷

| 地区 | 夏收粮 | 秋收粮 | 油料类 | 棉花 | 果蔬类 | 其他 | 总计 |
|---|---|---|---|---|---|---|---|
| 濮阳县 | 78.53 | 60.83 | 8.78 | 2.59 | 19.09 | 0.10 | 169.92 |
| 清丰县 | 48.53 | 27.73 | 15.16 | 0.28 | 22.24 | 0.04 | 113.98 |
| 南乐县 | 34.05 | 27.50 | 6.44 | 0.83 | 12.73 | 0.00 | 81.55 |
| 范县 | 27.33 | 28.50 | 1.80 | 0.09 | 2.43 | 0.00 | 60.15 |
| 台前县 | 17.34 | 16.27 | 0.65 | 0.03 | 2.79 | 0.00 | 37.08 |
| 华龙区 | 4.26 | 4.23 | 0.78 | 0.06 | 1.83 | 0.00 | 11.16 |
| 开发区 | 9.00 | 5.47 | 4.80 | 0.16 | 8.88 | 0.03 | 28.34 |
| 濮阳市 | 219.04 | 170.53 | 38.41 | 4.04 | 69.99 | 0.17 | 502.18 |

2. *濮阳市各区域各农作物堆肥潜在需求量*

根据第三章式（3-1）和表 3-1 各种作物的施肥原单位，以及表 5-53 濮阳市各农作物种植面积，计算出濮阳市各区域各农作物的堆肥年潜在需求量，计算结果如表 5-54 所示。

**表 5-54　濮阳市各区域各农作物堆肥潜在需求量**（2013 年）　单位：万吨/年

| 地区 | 夏收粮 | 秋收粮 | 油料类 | 棉花 | 果蔬类 | 其他 | 总计 |
|---|---|---|---|---|---|---|---|
| 濮阳县 | 78.53 | 60.83 | 13.17 | 3.89 | 38.18 | 0.20 | 194.80 |
| 清丰县 | 48.53 | 27.73 | 22.74 | 0.42 | 44.48 | 0.08 | 143.98 |
| 南乐县 | 34.05 | 27.50 | 9.66 | 1.25 | 25.46 | 0.00 | 97.92 |
| 范县 | 27.33 | 28.50 | 2.70 | 0.14 | 4.86 | 0.00 | 63.53 |
| 台前县 | 17.34 | 16.27 | 0.98 | 0.05 | 5.58 | 0.00 | 40.22 |
| 华龙区 | 4.26 | 4.23 | 1.17 | 0.09 | 3.66 | 0.00 | 13.41 |
| 开发区 | 9.00 | 5.47 | 7.20 | 0.24 | 17.76 | 0.06 | 39.73 |
| 濮阳市 | 219.04 | 170.53 | 57.62 | 6.08 | 139.98 | 0.34 | 593.59 |

根据现场调查和依据当地的耕作习惯，按农作物品种及实际种植面积对各类农作物堆肥潜在需求量进行计算。濮阳市各区域各农作物堆肥潜在需求总量约 593.59 万吨/年。各区域中潜在需求量最大的濮阳县约 194.80 万吨/年，占全濮阳市需肥总量的 32.82%，华龙区和开发区的种植面积相对较小，需肥量也相对较少。

濮阳市各区域堆肥的需求量存在较大的偏差。由总体数据可以看出濮阳市堆肥潜在需求量最大的是秋收粮作物和夏收粮作物。

## 三、濮阳市各区域农业有机废弃物堆肥潜在供给量的计算

### 1. 濮阳市各区域各畜禽粪便堆肥潜在供给量的计算

1）濮阳市各区域各畜禽的养殖量

濮阳市行政区域内有 1 区 5 县和 1 个国家级经济开发区、1 个工业园区、1 个新区组成。由于国家级经济开发区、工业园区和新区各种畜禽养殖数量较少，在以下统计和计算中数据合计，并统称开发区。

根据《濮阳市统计年鉴》[77]，2013 年年末，濮阳市畜禽存栏总数 3852.09 万头（只、羽），各区域各种畜禽的存栏情况如表 5-55 所示。其中大型牲畜，包括牛、马、驴、骡合计 25.03 万头，占全市畜禽存栏总数的 0.65%。猪 147.4 万头，占全市畜禽存栏总数的 3.83%。羊 69.94 万只，占全市畜禽存栏总数的 1.82%。家禽 3478.09 万羽，占全市畜禽存栏总数的 90.29%。家兔 131.63 万只，占全市畜禽存栏总数的 3.42%。从数量上来看，濮阳市以家禽饲养为主。濮阳市各区域中南乐县各种畜禽存栏总数最高，占濮阳市总体的 24.93%。另外，濮阳县的存栏总数约占濮阳市总体的 22.1%，清丰县存栏总数也占有较高的比例约为濮阳市总体的 20.1%。

**表 5-55 濮阳市各区域各畜禽存栏数量** 单位：万头（只、羽）

| 地区 | 肉牛 | 奶牛 | 马 | 驴 | 骡 | 繁殖猪 | 育肥猪 | 山羊 | 绵羊 | 家禽 | 家兔 | 总计 |
|---|---|---|---|---|---|---|---|---|---|---|---|---|
| 濮阳县 | 1.40 | 0.44 | 0.12 | 0.14 | 0.05 | 3.88 | 39.62 | 22.66 | 5.37 | 773.46 | 4.09 | 851.23 |
| 清丰县 | 1.98 | 0.34 | 0.07 | 0.07 | 0.04 | 2.63 | 28.87 | 4.49 | 1.23 | 681.83 | 51.57 | 773.12 |
| 南乐县 | 15.57 | 0.51 | 0.00 | 0.00 | 0.00 | 3.65 | 36.88 | 1.87 | 2.12 | 854.25 | 45.65 | 960.50 |
| 范县 | 2.69 | 0.19 | 0.13 | 0.25 | 0.00 | 1.47 | 14.54 | 16.23 | 6.45 | 475.23 | 19.28 | 536.46 |
| 台前县 | 0.22 | 0.49 | 0.01 | 0.01 | 0.00 | 0.55 | 5.57 | 2.39 | 5.81 | 438.88 | 10.86 | 464.79 |
| 华龙区 | 0.02 | 0.06 | 0.00 | 0.00 | 0.00 | 0.38 | 3.81 | 0.30 | 0.06 | 160.35 | 0.00 | 164.98 |
| 开发区 | 0.12 | 0.11 | 0.00 | 0.00 | 0.00 | 0.74 | 4.81 | 0.76 | 0.20 | 94.09 | 0.18 | 101.01 |
| 濮阳市 | 22.00 | 2.14 | 0.33 | 0.47 | 0.09 | 13.30 | 134.10 | 48.70 | 21.24 | 3478.09 | 131.63 | 3852.09 |

2）濮阳市各区域各畜禽粪便堆肥潜在供给量

根据第三章式（3-2）和表 3-2 各种畜禽粪便的发生原单位及堆肥率，以及表 5-55 濮阳市各畜禽的存栏数量，计算出濮阳市各区域各畜禽粪便堆肥的年潜在

供给量，计算结果如表 5-56 所示。

**表 5-56　濮阳市各区域各畜禽粪便堆肥潜在供给量**（2013 年）　单位：万吨/年

| 地区 | 肉牛 | 奶牛 | 马 | 驴 | 骡 | 繁殖猪 | 育肥猪 | 山羊 | 绵羊 | 家禽 | 家兔 | 总计 |
|---|---|---|---|---|---|---|---|---|---|---|---|---|
| 濮阳县 | 3.68 | 2.92 | 0.25 | 0.17 | 0.07 | 1.87 | 12.15 | 10.42 | 2.47 | 22.02 | 0.14 | 56.16 |
| 清丰县 | 5.20 | 2.25 | 0.05 | 0.09 | 0.05 | 1.26 | 8.85 | 2.07 | 0.57 | 19.40 | 1.81 | 41.60 |
| 南乐县 | 40.90 | 3.39 | 0.00 | 0.00 | 0.00 | 1.76 | 11.30 | 0.86 | 0.97 | 24.32 | 1.60 | 85.10 |
| 范县 | 7.07 | 1.26 | 0.27 | 0.31 | 0.10 | 0.71 | 4.45 | 7.45 | 2.97 | 13.53 | 0.68 | 38.80 |
| 台前县 | 0.58 | 3.26 | 0.02 | 0.01 | 0.00 | 0.27 | 1.71 | 1.10 | 2.66 | 12.50 | 0.38 | 22.49 |
| 华龙区 | 0.05 | 0.39 | 0.00 | 0.00 | 0.00 | 0.18 | 1.17 | 0.14 | 0.03 | 4.57 | 0.00 | 6.53 |
| 开发区 | 0.32 | 0.73 | 0.00 | 0.00 | 0.00 | 0.36 | 1.47 | 0.35 | 0.09 | 2.68 | 0.01 | 6.00 |
| 濮阳市 | 57.80 | 14.20 | 0.59 | 0.58 | 0.22 | 6.40 | 41.10 | 22.39 | 9.76 | 99.02 | 4.61 | 256.68 |

濮阳市各畜禽粪便堆肥的潜在供给总量约 256.68 万吨/年。各区域中堆肥潜在供给量最大的区域是南乐县，堆肥潜在供给量约 85.10 万吨/年，占濮阳市各畜禽粪便年堆肥潜在供给总量的 33.15%。畜禽粪便堆肥潜在供给量最小的区域是开发区，潜在供给量约 6.00 万吨/年，仅占濮阳市各畜禽粪便年堆肥潜在供给总量的 2.34%，各区域各畜禽粪便堆肥的潜在供给量存在较大的偏差。从表 5-56 可以看出，濮阳市的家禽、牛、猪粪便堆肥潜在供给量占据较大的比例，分别是 38.58%、28.05%、18.51%。

2. *濮阳市各区域各农作物秸秆堆肥潜在供给量的计算*

濮阳市行政区域内有 1 区 5 县和 1 个国家级经济开发区、1 个工业园区、1 个新区组成。由于国家级经济开发区、工业园区和新区种植面积较小，各种农作物秸秆的发生量较小，在以下统计和计算中数据合计，并统称开发区。

由于作物在收获期间秸秆基本处于干燥状态，符合堆肥含水量要求，因此可全量作为堆肥使用。根据第三章式（3-3）和表 3-3 各种农作物秸秆的产生系数谷草比和粮食产量[77]，计算各农作物秸秆的发生量。濮阳市各区域各农作物秸秆堆肥的潜在供给量计算结果如表 5-57 所示。

濮阳市各种秸秆堆肥的潜在供给总量约 342.05 万吨/年，其中小麦和玉米秸秆分别占濮阳市各种秸秆堆肥潜在供给总量的 53.15%和 27.53%。各区域中秸秆堆肥潜在供给量最大的是濮阳县，秸秆潜在供给量约 116.07 万吨/年，占濮阳市各秸秆年堆肥潜在供给总量的 33.93%。秸秆堆肥潜在供给量最小的区域是开发区，秸秆潜在供给量约 7.50 万吨/年，仅占濮阳市各秸秆年堆肥潜在供给量的 2.19%。濮阳市各区域各秸秆堆肥年潜在供给量同样也存在较大的偏差。

**表 5-57 濮阳市各区域各农作物秸秆堆肥潜在供给量**（2013 年） 单位：万吨/年

| 地区 | 小麦 | 稻谷 | 玉米 | 大豆 | 薯类 | 花生 | 油料类 | 棉花 | 总计 |
|---|---|---|---|---|---|---|---|---|---|
| 濮阳县 | 63.50 | 18.80 | 23.50 | 2.75 | 3.85 | 2.79 | 0.46 | 0.42 | 116.07 |
| 清丰县 | 20.50 | 14.00 | 5.64 | 0.77 | 0.48 | 0.66 | 0.11 | 0.02 | 42.18 |
| 南乐县 | 13.20 | 0.27 | 9.23 | 1.04 | 0.28 | 0.25 | 0.17 | 0.01 | 24.45 |
| 范县 | 30.80 | 0.00 | 23.49 | 0.32 | 4.75 | 2.59 | 0.00 | 0.12 | 62.07 |
| 台前县 | 42.30 | 0.00 | 25.20 | 0.38 | 1.94 | 5.37 | 0.18 | 0.05 | 75.42 |
| 华龙区 | 7.79 | 0.00 | 3.60 | 0.15 | 0.80 | 1.95 | 0.04 | 0.03 | 14.36 |
| 开发区 | 3.70 | 0.00 | 3.50 | 0.05 | 0.00 | 0.23 | 0.00 | 0.02 | 7.50 |
| 濮阳市 | 181.79 | 33.07 | 94.16 | 5.46 | 12.10 | 13.84 | 0.96 | 0.67 | 342.05 |

## 四、濮阳市各区域农业有机废弃物堆肥需求供给平衡分析

濮阳市堆肥潜在需求总量约 593.59 万吨/年，各农业有机废弃物（畜禽粪便和秸秆）堆肥的潜在供给总量约 598.73 万吨/年，濮阳市各区域农业有机废弃物堆肥的需供比（潜在需求量/潜在供给量）如表 5-58 所示。

**表 5-58 濮阳市各区域农业有机废弃物堆肥需供比**

| 地区 | 潜在需求量/（万吨/年） | 潜在供给量/（万吨/年） | 需供比 |
|---|---|---|---|
| 濮阳县 | 194.80 | 172.23 | 1.13 |
| 清丰县 | 143.98 | 83.78 | 1.72 |
| 南乐县 | 97.92 | 109.55 | 0.89 |
| 范县 | 63.53 | 100.87 | 0.63 |
| 台前县 | 40.22 | 97.91 | 0.41 |
| 华龙区 | 13.41 | 20.89 | 0.64 |
| 开发区 | 39.73 | 13.50 | 2.94 |
| 濮阳市 | 593.59 | 598.73 | 0.99 |

根据以上数据计算出濮阳市整体需供比约 0.99。需求量略小于供给量理论上农业有机废弃物不能全量被该地区的农业生产所利用，但是潜在需求量和潜在供

给量基本处于平衡状态。濮阳市各区域中堆肥明显供不应求的是开发区，需供比约为 2.94，该地区有蔬菜及少量的粮食种植，但是堆肥供给量较小而造成此结果。濮阳县和清丰县也呈现供不应求的局面，需供比分别为 1.13 和 1.72。濮阳县潜在需求量略大于潜在供给量，需求供给处于基本平衡状态。台前县、范县、华龙区和南乐县，需供比约为 0.41、0.63、0.64、0.89，养殖业较发达，堆肥潜在供给量充足，潜在需求量小于潜在供给量是主要原因。

## 五、结论

本节以濮阳市行政区域内的 1 区 5 县 1 个国家级经济开发区、1 个工业园区、1 个新区为对象，分别对以上各区域内的农作物对堆肥的潜在需求量及对各农业有机废弃物转换为堆肥的潜在供给量进行计算，对堆肥的需求和供给平衡进行定量分析，结果如下所示。

（1）研究对象濮阳市全体农业有机废弃物堆肥潜在需求量和潜在供给量的总需供比约 0.99，需求量略小于供给量，该地区的农业有机废弃物基本上可以被该地区农业所利用。

（2）濮阳市的各区域中明显供不应求的地区是开发区，需求量小于供给量的区域是华龙区、台前县、范县和南乐县，需求量大于供给量的区域是濮阳县和清丰县。濮阳县小区域内堆肥需求供给基本处于平衡状态。

（3）濮阳市各畜禽粪便堆肥的潜在供给量约 256.68 万吨/年，占堆肥潜在供给总量的 42.87%，各种秸秆堆肥的潜在供给量约 342.05 万吨/年，占堆肥潜在供给总量的 57.13%，畜禽粪便由来的堆肥潜在供给量明显少于秸秆由来的堆肥潜在供给量。

# 第十节　许　昌　市

## 一、许昌市地理位置和农业概况

### 1. 许昌市地理位置

许昌市位于河南省中部，东邻周口市，西接平顶山市，南界漯河市，北依省会郑州市，距离省会 80 千米。地处东经 113°03′～114°19′、北纬 33°16′～34°24′之间，许昌市属伏牛山余脉向豫东平原的过渡带，东西长 124 千米，地势由西向东倾斜。

西部为伏牛山余脉的中低山丘陵地带，最高海拔 1150.6 米。中部为基底构造缓慢上升和遭受剥蚀而形成的岗区，中东部均为黄淮冲积平原，最低海拔 50.4 米，境内 75%的面积为平原，25%的面积为山岗，境内较大的河流有北汝河、颍河、双洎河和清泥河，水资源总量年平均 5.1 亿立方米。许昌市的土地总面积为 4996 平方千米。其中山地 521.2 平方千米，丘陵和岗地 836.8 平方千米，平原 3638 平方千米。许昌市行政区域有魏都区、禹州市、长葛市、许昌县、鄢陵县、襄城县，由 1 区 2 市 3 县组成（以下简称各区域）。

2. 许昌市农业概况

许昌市属暖温带亚湿润季风气候，热量资源丰富，无霜期长。春季干旱多风沙，夏季炎热雨集中，秋季晴和气爽日照长，冬季寒冷少雨雪。年平均气温 15.2 摄氏度，日照时间 2104.4 小时，年降水量 727 毫米，无霜期 217 天，四季分明，气候温和，光照充足，雨量适中，适合各种农作物种植。许昌市 2013 年全年农作物总播种面积 545.82 千公顷，许昌市主要农业作物有小麦、玉米、红薯、大豆、烟叶、棉花、花卉苗木、蔬菜、中药材等。

## 二、许昌市各区域堆肥潜在需求量的计算

1. 许昌市各区域各农作物种植面积

根据文献[78]和对许昌市的现场调查，统计出许昌市 2013 年全年各农作物种植面积如表 5-59 所示。许昌市主要农作物秋收粮种植面积最高，约 220.85 千公顷，其次是夏收粮种植面积约 216.46 千公顷。许昌市总体耕种面积约 545.90 千公顷，各区域中耕种面积最多的是许昌县，约 135.97 千公顷。其次是襄城县，耕种面积约 121.3 千公顷。

**表 5-59 许昌市各区域各农作物种植面积**（2013 年） 单位：千公顷

| 地区 | 夏收粮 | 秋收粮 | 棉花 | 烟叶 | 果蔬类 | 油料类 | 总计 |
|---|---|---|---|---|---|---|---|
| 魏都区 | 1.03 | 1.28 | 0.00 | 0.00 | 0.54 | 0.11 | 2.96 |
| 许昌县 | 51.39 | 50.13 | 1.91 | 3.92 | 13.00 | 15.62 | 135.97 |
| 鄢陵县 | 40.85 | 34.26 | 0.12 | 0.51 | 6.39 | 0.46 | 82.59 |
| 襄城县 | 41.56 | 44.09 | 0.43 | 8.90 | 21.82 | 4.50 | 121.30 |
| 禹州市 | 44.26 | 51.48 | 1.76 | 2.96 | 9.58 | 5.76 | 115.80 |
| 长葛市 | 37.37 | 39.66 | 0.34 | 0.00 | 6.80 | 3.03 | 87.20 |
| 许昌市 | 216.46 | 220.90 | 4.56 | 16.29 | 58.13 | 29.48 | 545.82 |

2. 许昌市各区域各农作物堆肥潜在需求量

根据第三章式（3-1）和表 3-1 各种作物的施肥原单位，以及表 5-59 许昌市各区域各农作物种植面积，计算出许昌市各区域各农作物的堆肥年潜在需求量，计算结果如表 5-60 所示。

**表 5-60　许昌市各区域各农作物堆肥潜在需求量（2013 年）**　　单位：万吨/年

| 地区 | 夏收粮 | 秋收粮 | 棉花 | 烟叶 | 果蔬类 | 油料类 | 总计 |
|---|---|---|---|---|---|---|---|
| 魏都区 | 1.03 | 1.28 | 0.00 | 0.00 | 1.08 | 0.17 | 3.56 |
| 许昌县 | 51.39 | 50.13 | 2.87 | 7.84 | 26.01 | 23.43 | 161.67 |
| 鄢陵县 | 40.85 | 34.26 | 0.18 | 1.01 | 12.74 | 0.69 | 89.73 |
| 襄城县 | 41.56 | 44.09 | 0.64 | 17.80 | 43.63 | 6.74 | 154.46 |
| 禹州市 | 44.26 | 51.48 | 2.64 | 5.93 | 19.15 | 8.64 | 132.10 |
| 长葛市 | 37.37 | 39.66 | 0.50 | 0.00 | 13.71 | 4.55 | 95.79 |
| 许昌市 | 216.46 | 220.85 | 6.83 | 32.58 | 116.37 | 44.22 | 637.31 |

根据现场调查和依据当地的耕作习惯，按农作物品种及实际种植面积对各类农作物堆肥潜在需求量进行计算。许昌市各区域各农作物堆肥潜在需求总量约 637.31 万吨/年。其中潜在需求量最大的许昌县约 161.67 万吨/年，占全许昌市堆肥潜在需求总量的 25.37%。位于市中心部位、种植面积最小的魏都区，堆肥潜在需求量约 3.56 万吨/年，仅占全许昌市需肥总量的 0.56%，各区域堆肥的潜在需求量存在较大的偏差。许昌市各农作物堆肥潜在需求量比较，堆肥潜在需求量最大的是秋收粮作物和夏收粮作物，其次是果蔬类作物。

## 三、许昌市各区域农业有机废弃物堆肥潜在供给量的计算

1. 许昌市各区域各畜禽粪便堆肥潜在供给量的计算

1）许昌市各区域各畜禽的养殖量

根据《许昌市统计年鉴》[78]，2013 年年末，许昌市畜禽存栏总数 3410.08 万头（只、羽），各区域各种畜禽的存栏情况如表 5-61 所示。其中大型牲畜，包括牛、马、驴、骡合计 88.31 万头，占全市畜禽存栏总数的 2.59%。猪 263 万头，占全市畜禽存栏总数的 7.71%。羊 157.44 万只，占全市畜禽存栏总数的 4.62%。家禽 2019.94 万羽，占全市畜禽存栏总数的 82.69%。家兔 81.39 万只，占全市畜禽存栏总数的 2.39%。从数量上来看，许昌市以家禽饲养为主。许昌市各区域中许

昌县各种畜禽存栏总数最多，占全市畜禽存栏总数的 21.22%。另外，鄢陵县的存栏总数约占全市的 20.95%；禹州市存栏总数约占全市的 19.84%，也占有较高的比例。

**表 5-61　许昌市各区域各畜禽存栏数量**　　单位：万头（只、羽）

| 地区 | 牛 | 肉牛 | 马 | 驴 | 骡 | 猪 | 羊 | 山羊 | 家禽 | 家兔 | 总计 |
|---|---|---|---|---|---|---|---|---|---|---|---|
| 魏都区 | 0.25 | 0.15 | 0.00 | 0.00 | 0.00 | 3.70 | 0.25 | 0.25 | 50.00 | 0.80 | 55.40 |
| 许昌县 | 9.81 | 9.27 | 0.00 | 0.00 | 0.00 | 55.83 | 11.95 | 11.24 | 620.92 | 4.50 | 723.52 |
| 鄢陵县 | 15.52 | 15.40 | 0.00 | 0.00 | 0.00 | 55.05 | 11.38 | 11.38 | 576.40 | 29.14 | 714.21 |
| 襄城县 | 12.28 | 10.25 | 0.30 | 0.84 | 0.11 | 53.14 | 16.51 | 16.16 | 526.83 | 30.00 | 666.43 |
| 禹州市 | 5.29 | 3.79 | 0.05 | 0.62 | 0.01 | 52.39 | 37.50 | 35.00 | 537.96 | 4.09 | 676.70 |
| 长葛市 | 2.51 | 1.84 | 0.00 | 0.02 | 0.00 | 42.89 | 2.91 | 2.91 | 507.83 | 12.86 | 573.77 |
| 许昌市 | 45.66 | 40.70 | 0.35 | 1.48 | 0.12 | 263.00 | 80.50 | 76.94 | 2819.94 | 81.39 | 3410.08 |

2）许昌市各区域各畜禽粪便堆肥潜在供给量

根据第三章式（3-2）和表 3-2 各种畜禽粪便的发生原单位及堆肥率，以及表 5-61 许昌市各畜禽的存栏数量，计算出许昌市各区域各畜禽粪便堆肥的年潜在供给量，计算结果如表 5-62 所示。

**表 5-62　许昌市各区域各畜禽粪便堆肥潜在供给量**（2013 年）　单位：万吨/年

| 地区 | 牛 | 肉牛 | 马 | 驴 | 骡 | 猪 | 羊 | 山羊 | 家禽 | 家兔 | 总计 |
|---|---|---|---|---|---|---|---|---|---|---|---|
| 魏都区 | 0.66 | 0.40 | 0.00 | 0.00 | 0.00 | 1.78 | 0.12 | 0.11 | 1.42 | 0.03 | 4.52 |
| 许昌县 | 25.78 | 24.36 | 0.00 | 0.00 | 0.00 | 26.90 | 5.76 | 5.17 | 17.68 | 0.16 | 105.81 |
| 鄢陵县 | 40.79 | 40.47 | 0.00 | 0.00 | 0.00 | 26.52 | 5.48 | 5.23 | 16.41 | 1.02 | 135.92 |
| 襄城县 | 32.27 | 26.94 | 0.00 | 1.03 | 0.13 | 25.60 | 7.96 | 7.43 | 15.00 | 1.05 | 117.41 |
| 禹州市 | 13.87 | 9.95 | 0.62 | 0.76 | 0.01 | 25.24 | 17.24 | 16.10 | 15.32 | 0.14 | 99.25 |
| 长葛市 | 6.72 | 4.84 | 0.10 | 0.02 | 0.00 | 20.66 | 1.34 | 1.34 | 14.46 | 0.45 | 49.93 |
| 许昌市 | 120.09 | 106.96 | 0.72 | 1.81 | 0.14 | 126.70 | 37.90 | 35.38 | 79.29 | 2.85 | 511.84 |

许昌市畜禽粪便堆肥潜在供给总量约 511.84 万吨/年。堆肥潜在供给量最大的区域是鄢陵县，堆肥潜在供给量约 135.92 万吨/年，占全市各畜禽粪便年堆肥潜在供给总量的 26.56%。畜禽粪便堆肥潜在供给量最小的区域是魏都区，潜在供给量约 4.52 万吨/年，仅占全市各畜禽粪便年堆肥潜在供给总量 0.88%。各区

域各畜禽粪便堆肥年潜在供给量存在较大的偏差。从表 5-62 也可看出，许昌市的牛、猪、家禽粪便堆肥潜在供给量占据较大的比例，分别是 44.36%、24.75%、15.69%。

2. 许昌市各区域各农作物秸秆堆肥潜在供给量的计算

由于作物在收获期间秸秆基本处于干燥状态，符合堆肥含水量要求，因此可全量作为堆肥使用。根据第三章式（3-3）和表 3-3 各种农作物秸秆的产生系数谷草比和粮食产量[78]，计算各农作物秸秆的发生量。许昌市各区域各农作物秸秆堆肥的潜在供给量计算结果如表 5-63 所示。

**表 5-63 许昌市各区域各农作物秸秆堆肥潜在供给量**（2013 年） 单位：万吨/年

| 地区 | 夏收粮 | 秋收粮 | 豆类 | 红薯 | 油料类 | 棉花 | 烟叶 | 总计 |
|---|---|---|---|---|---|---|---|---|
| 魏都区 | 0.86 | 0.91 | 0.00 | 0.00 | 0.06 | 0.00 | 0.00 | 1.83 |
| 许昌县 | 45.19 | 33.59 | 4.35 | 2.26 | 17.46 | 0.44 | 1.19 | 104.48 |
| 鄢陵县 | 36.89 | 30.79 | 0.84 | 0.10 | 0.54 | 0.04 | 0.16 | 69.36 |
| 襄城县 | 36.62 | 22.36 | 2.94 | 5.54 | 3.96 | 0.20 | 2.29 | 73.91 |
| 禹州市 | 31.99 | 27.35 | 1.88 | 5.10 | 4.35 | 0.68 | 0.17 | 71.52 |
| 长葛市 | 33.36 | 34.59 | 1.11 | 0.30 | 3.00 | 0.12 | 0.00 | 72.48 |
| 许昌市 | 184.91 | 149.59 | 11.12 | 13.30 | 29.37 | 1.48 | 3.81 | 393.58 |

许昌市各种秸秆堆肥潜在供给总量约 393.58 万吨/年，其中夏收粮和秋收粮作物秸秆分别占许昌市各种秸秆堆肥潜在供给总量的 46.98%和 38.01%。各区域中秸秆堆肥潜在供给量最大的是许昌县，秸秆潜在供给量约 104.48 万吨/年，占许昌市各秸秆年堆肥潜在供给总量的 26.55%。秸秆堆肥潜在供给量最小的区域是魏都区，秸秆潜在供给量约 1.83 万吨/年，占许昌市各秸秆年堆肥潜在供给总量的 0.46%。许昌市各区域各秸秆堆肥年潜在供给量同样也存在较大的偏差。

## 四、许昌市各区域农业有机废弃物堆肥需求供给平衡分析

许昌市堆肥潜在需求总量约 637.31 万吨/年，各农业有机废弃物（畜禽粪便和秸秆）堆肥的潜在供给总量约 905.42 万吨/年，许昌市各区域农业有机废弃物堆肥的需供比（潜在需求量/潜在供给量）如表 5-64 所示。

表 5-64　许昌市各区域农业有机废弃物堆肥需供比

| 地区 | 潜在需求量/（万吨/年） | 潜在供给量/（万吨/年） | 需供比 |
|---|---|---|---|
| 魏都区 | 3.56 | 6.35 | 0.56 |
| 许昌县 | 161.67 | 210.29 | 0.77 |
| 鄢陵县 | 89.73 | 205.28 | 0.44 |
| 襄城县 | 154.46 | 191.32 | 0.81 |
| 禹州市 | 132.10 | 169.77 | 0.78 |
| 长葛市 | 95.79 | 122.41 | 0.78 |
| 许昌市 | 637.31 | 905.42 | 0.70 |

根据以上数据计算出许昌市整体需供比约 0.70。需求量小于供给量，理论上农业有机废弃物不能全量被该地区的农业生产所利用。鄢陵县的需供比在各区域中最小约 0.44，鄢陵县畜禽粪便堆肥的潜在供给量在各区域中最高，鄢陵县的农作物种植面积在各区域中最少是主要原因。襄城县的需供比在各区域中最大，约 0.81，农作物种植面积在各区域中最大是主要原因。许昌市各区域需供比均低于 1.0，该地区的农业有机废弃物堆肥整体呈现较为严重的供给大于需求局面。

## 五、结论

本节以许昌市行政区域内的 1 区 2 市 3 县为对象，分别对以上各区域内的农作物对堆肥的潜在需求量及对各农业有机废弃物转换为堆肥的潜在供给量进行计算，对堆肥的需求和供给平衡进行定量分析，结果如下所示。

（1）研究对象许昌市全体农业有机废弃物堆肥潜在需求量和潜在供给量的总需供比约 0.70，需求量小于供给量，该地区的农业有机废弃物不能全量被该地区农业所利用。

（2）许昌市的 1 区 2 市 3 县堆肥需供比均小于 1.0，该地区的农业有机废弃物堆肥整体呈现较为严重的供给大于需求局面。

（3）许昌市各畜禽粪便堆肥潜在供给量约 511.84 万吨/年，占堆肥潜在供给总量的 56.53%，各种秸秆堆肥的潜在供给量约 393.48 万吨/年，占堆肥潜在供给总量的 43.47%，畜禽粪便由来的堆肥潜在供给量明显高于秸秆由来的堆肥潜在供给量。

# 第十一节 漯 河 市

## 一、漯河市地理位置和农业概况

### 1. 漯河市地理位置

漯河市地处河南省中部偏南，伏牛山东麓平原和淮北平原交错带，沙河与澧河在此交汇。介于东经 113°27′～114°16′、北纬 33°24′～33°59′之间，总面积为 2617 平方千米。漯河市行政区域有源汇区、郾城区、召陵区、临颍县和舞阳县，由 3 区 2 县组成（以下简称各区域）。

### 2. 漯河市农业概况

漯河市位于暖温带南部边缘，属于暖湿性季风气候。冬季寒冷干燥，夏季高温多雨。一年之中，冷暖交替，四季分明。漯河市累年平均气温为 14.7 摄氏度，7 月份最热，累年平均气温为 27.5 摄氏度。1 月份最冷，累年平均气温为 0.5 摄氏度。年日照时数 2181 小时，降雨量平均为 786 毫米。光照充足，热量丰富，降水适中，气候温暖。漯河市水资源丰富，地表水年均天然径流量为 3.7 亿立方米，各种河流过境水径流量为 27 亿立方米，浅层地下水年均补给为 5.2 亿立方米，可开采量为 3.7 亿立方米，单井涌水量每小时超过 60 吨。中深层地下水日开采量可达 2.5 万吨。漯河市土壤共有砂质、壤质和胶质三种类型，以壤质土壤为主，肥力水平较高，适合多种农作物的种植。2013 年全年农作物总播种面积 369.08 千公顷。漯河市不仅盛产小麦、玉米、大豆、红薯、烟叶、芝麻等多种农作物，畜牧养殖业也发展迅速，而且盛产各种中草药。

## 二、漯河市各区域堆肥潜在需求量的计算

### 1. 漯河市各区域各农作物种植面积

根据文献[79]和对漯河市的现场调查，统计出漯河市 2013 年末各农作物种植面积如表 5-65 所示。漯河市主要农作物夏收粮种植面积最高，约 140.15 千公顷，其次是秋收粮种植面积约 121.76 千公顷。漯河市总体耕种面积约 369.08 千公顷，各区域中耕种面积最多的是临颍县，约 117.60 千公顷，其次是舞阳县，耕种面积约 95.09 千公顷。

**表 5-65　漯河市各区域各农作物种植面积（2013 年）**　　单位：千公顷

| 地区 | 夏收粮 | 秋收粮 | 油料类 | 棉花 | 烟叶 | 蔬菜 | 瓜果类 | 总计 |
|---|---|---|---|---|---|---|---|---|
| 源汇区 | 10.62 | 10.02 | 1.24 | 0.68 | 0.69 | 2.61 | 0.40 | 26.26 |
| 郾城区 | 22.70 | 19.10 | 2.52 | 3.57 | 0.89 | 7.43 | 2.72 | 58.93 |
| 召陵区 | 23.96 | 20.71 | 3.95 | 3.02 | 0.60 | 11.08 | 4.56 | 67.88 |
| 高新区 | 1.45 | 1.45 | 0.00 | 0.00 | 0.00 | 0.36 | 0.06 | 3.32 |
| 舞阳县 | 41.49 | 39.59 | 4.40 | 1.56 | 1.72 | 5.63 | 0.70 | 95.09 |
| 临颍县 | 39.93 | 30.89 | 1.06 | 9.12 | 2.65 | 26.38 | 7.57 | 117.60 |
| 漯河市 | 140.15 | 121.76 | 13.17 | 17.95 | 6.55 | 53.49 | 16.01 | 369.08 |

2. 漯河市各区域各农作物堆肥潜在需求量

根据第三章式（3-1）和表 3-1 各种作物的施肥原单位，以及表 5-65 漯河市各区域各农作物种植面积，计算出漯河市各区域各农作物的堆肥年潜在需求量，计算结果如表 5-66 所示。

**表 5-66　漯河市各区域各农作物堆肥潜在需求量（2013 年）**　　单位：万吨/年

| 地区 | 夏收粮 | 秋收粮 | 油料类 | 棉花 | 烟叶 | 蔬菜 | 瓜果类 | 总计 |
|---|---|---|---|---|---|---|---|---|
| 源汇区 | 10.62 | 10.02 | 1.86 | 1.02 | 1.38 | 5.22 | 0.80 | 30.92 |
| 郾城区 | 22.70 | 19.10 | 3.78 | 5.36 | 1.78 | 14.86 | 5.44 | 73.02 |
| 召陵区 | 23.96 | 20.71 | 5.93 | 4.53 | 1.20 | 22.16 | 9.12 | 87.61 |
| 高新区 | 1.45 | 1.45 | 0.00 | 0.00 | 0.00 | 0.72 | 0.12 | 3.74 |
| 舞阳县 | 41.49 | 39.59 | 6.60 | 2.34 | 3.44 | 11.26 | 1.40 | 106.12 |
| 临颍县 | 39.93 | 30.89 | 1.59 | 13.68 | 5.30 | 52.76 | 15.14 | 159.29 |
| 漯河市 | 140.15 | 121.76 | 19.76 | 26.93 | 13.10 | 106.98 | 32.02 | 460.70 |

根据现场调查和依据当地的耕作习惯，按农作物品种及实际种植面积对各类农作物堆肥潜在需求量进行计算。漯河市农业有机废弃物堆肥潜在需求总量约 460.70 万吨/年。各区域中潜在需求量最大的临颍县约 159.29 吨/年，占全市需肥总量的 34.58%。堆肥潜在需求量最小的是高新区，堆肥的潜在需求量约 3.74 万吨/年，仅占全市堆肥潜在需求总量的 0.81%，各区域堆肥的潜在需求量存在较大的偏差。漯河市各农作物堆肥潜在需求量比较，堆肥潜在需求量最大的是夏收粮作物和秋收粮作物，分别占全市堆肥潜在需求量的 30.42%和 26.43%。其次是蔬菜

类作物，约占全市堆肥潜在需求量的 23.22%。

## 三、漯河市各区域农业有机废弃物堆肥潜在供给量的计算

1. 漯河市各区域各畜禽粪便堆肥潜在供给量的计算

1）漯河市各区域各畜禽的养殖量

根据《漯河市统计年鉴》[79]，2013 年年末，漯河市畜禽存栏总数 2465.52 万头（只、羽），各种畜禽的存栏情况如表 5-67 所示。其中大型牲畜，包括牛、马、驴、骡合计 23.12 万头，占全市畜禽存栏总数的 0.94%。家禽存栏数量最高，约 1865.01 万羽，占全市畜禽存栏总数的 75.64%。漯河市各区域中临颍县的各种畜禽存栏总数约 743.88 头（只、羽），占漯河市畜禽存栏总数的 30.17%。临颍县作为全国食品加工强县，对畜牧业的发展比较重视，因此各种畜禽养殖数量较多。召陵区、郾城区作为双汇食品的加工基地，其畜禽数量也在不断增加。

**表 5-67　漯河市各区域各畜禽存栏数量**　　单位：万头（只、羽）

| 地区 | 役畜 | 牛 | 马 | 驴 | 骡 | 猪 | 羊 | 家禽 | 家兔 | 总计 |
|---|---|---|---|---|---|---|---|---|---|---|
| 源汇区 | 0.00 | 1.27 | 0.00 | 0.00 | 0.00 | 35.30 | 2.45 | 106.37 | 4.30 | 149.69 |
| 郾城区 | 0.00 | 3.24 | 0.01 | 0.00 | 0.00 | 69.56 | 10.98 | 554.17 | 2.88 | 640.84 |
| 召陵区 | 0.00 | 4.91 | 0.02 | 0.00 | 0.01 | 69.98 | 18.10 | 341.99 | 3.26 | 438.27 |
| 高新区 | 0.00 | 0.15 | 0.00 | 0.00 | 0.00 | 1.66 | 0.03 | 15.10 | 0.00 | 16.94 |
| 舞阳县 | 0.00 | 5.71 | 0.02 | 0.03 | 0.00 | 69.68 | 19.19 | 234.67 | 146.60 | 475.90 |
| 临颍县 | 0.37 | 7.57 | 0.12 | 0.01 | 0.04 | 83.30 | 23.62 | 612.71 | 16.14 | 743.88 |
| 漯河市 | 0.37 | 22.85 | 0.17 | 0.05 | 0.05 | 329.48 | 74.37 | 1865.01 | 173.18 | 2465.52 |

2）漯河市各区域各畜禽粪便堆肥潜在供给量

根据第三章式（3-2）和表 3-2 各种畜禽粪便的发生原单位及堆肥率，以及表 5-67 漯河市各畜禽的存栏数量，计算出漯河市各区域各畜禽粪便堆肥的年潜在供给量，计算结果如表 5-68 所示。

**表 5-68　漯河市各区域各畜禽粪便堆肥潜在供给量**（2013 年）　单位：万吨/年

| 地区 | 役畜 | 牛 | 马 | 驴 | 骡 | 猪 | 羊 | 家禽 | 家兔 | 总计 |
|---|---|---|---|---|---|---|---|---|---|---|
| 源汇区 | 0.00 | 3.33 | 0.00 | 0.00 | 0.00 | 20.08 | 1.07 | 3.03 | 0.15 | 27.66 |
| 郾城区 | 0.00 | 8.52 | 0.02 | 0.01 | 0.00 | 38.01 | 4.81 | 15.78 | 0.10 | 67.25 |

续表

| 地区 | 役畜 | 牛 | 马 | 驴 | 骡 | 猪 | 羊 | 家禽 | 家兔 | 总计 |
|---|---|---|---|---|---|---|---|---|---|---|
| 召陵区 | 0.00 | 12.92 | 0.04 | 0.00 | 0.02 | 35.44 | 7.93 | 9.74 | 0.11 | 66.20 |
| 高新区 | 0.00 | 0.39 | 0.00 | 0.00 | 0.00 | 0.97 | 0.01 | 0.43 | 0.00 | 1.80 |
| 舞阳县 | 0.00 | 15.00 | 0.04 | 0.09 | 0.01 | 43.00 | 8.41 | 6.68 | 5.14 | 78.37 |
| 临颍县 | 0.97 | 19.91 | 0.31 | 0.04 | 0.10 | 43.52 | 10.35 | 17.44 | 0.57 | 93.21 |
| 漯河市 | 0.97 | 60.07 | 0.41 | 0.14 | 0.13 | 181.02 | 32.58 | 53.01 | 6.07 | 334.49 |

漯河市畜禽粪便堆肥的潜在供给总量约 334.49 万吨/年。畜禽粪便堆肥潜在供给量最大的是临颍县，堆肥潜在供给量约 93.21 万吨/年，占漯河市各畜禽粪便年堆肥潜在供给总量的 27.87%。畜禽粪便堆肥潜在供给量最小的区域是高新区，潜在供给量约 1.80 万吨/年，仅占全市畜禽粪便年堆肥潜在供给总量的 0.54%。各区域各畜禽粪便堆肥的年潜在供给量存在较大的偏差。从表 5-68 也可看出，漯河市的猪、牛、家禽粪便堆肥潜在供给量占据较大的比例，分别是 54.12%、17.96%、15.87%。

2. 漯河市各区域各农作物秸秆堆肥潜在供给量的计算

由于作物在收获期间秸秆基本处于干燥状态，符合堆肥含水量要求，因此可全量作为堆肥使用。根据第三章式（3-3）和表 3-3 各种农作物秸秆的产生系数谷草比和粮食产量[79]，计算各农作物秸秆的发生量。漯河市各区域各农作物秸秆堆肥的潜在供给量计算结果如表 5-69 所示。

**表 5-69 漯河市各区域各农作物秸秆堆肥潜在供给量**（2013 年） 单位：万吨/年

| 地区 | 小麦 | 玉米 | 大豆 | 绿豆 | 油料类 | 芝麻 | 花生 | 红薯 | 棉花 | 甘蔗 | 烟叶 | 总计 |
|---|---|---|---|---|---|---|---|---|---|---|---|---|
| 源汇区 | 7.50 | 5.07 | 0.60 | 0.00 | 0.22 | 0.03 | 0.08 | 0.23 | 0.24 | 0.00 | 0.21 | 14.18 |
| 郾城区 | 16.42 | 10.28 | 1.21 | 0.00 | 0.27 | 0.08 | 0.27 | 0.28 | 1.21 | 0.00 | 0.28 | 30.30 |
| 召陵区 | 17.90 | 10.75 | 1.03 | 0.02 | 0.67 | 0.12 | 0.83 | 0.63 | 1.03 | 0.04 | 0.19 | 33.21 |
| 高新区 | 1.05 | 0.94 | 0.00 | 0.00 | 0.00 | 0.00 | 0.00 | 0.00 | 0.00 | 0.00 | 0.00 | 1.99 |
| 舞阳县 | 29.60 | 24.68 | 0.66 | 0.00 | 0.80 | 0.11 | 0.23 | 1.09 | 0.48 | 0.00 | 0.55 | 58.20 |
| 临颍县 | 32.98 | 21.09 | 0.79 | 0.00 | 0.13 | 0.04 | 0.13 | 1.30 | 2.84 | 0.00 | 0.66 | 59.96 |
| 漯河市 | 105.45 | 72.81 | 4.29 | 0.02 | 2.09 | 0.38 | 1.54 | 3.53 | 5.80 | 0.04 | 1.89 | 197.84 |

漯河市各种秸秆堆肥潜在供给总量约 197.84 万吨/年，其中小麦秸秆占漯河市

各种秸秆堆肥潜在供给总量的 53.3%。各区域中秸秆堆肥潜在供给量最大的是临颍县，秸秆潜在供给量约 59.96 万吨/年，占漯河市各秸秆堆肥潜在供给总量的 30.31%。秸秆堆肥潜在供给量最小的区域是高新区，秸秆堆肥潜在供给量约 1.99 万吨/年，仅占漯河市各秸秆年堆肥潜在供给总量的 1.01%。漯河市各区域各秸秆堆肥潜在供给量同样也存在较大的偏差。

## 四、漯河市各区域农业有机废弃物堆肥需求供给平衡分析

漯河市堆肥潜在需求总量约 460.70 万吨/年，各农业有机废弃物（畜禽粪便和秸秆）堆肥的潜在供给总量约 532.33 万吨/年，漯河市各区域农业有机废弃物堆肥的需供比（潜在需求量/潜在供给量）如表 5-70 所示。根据以上数据计算出漯河市整体需供比约 0.87。需供比低于 1.0 的情况说明潜在需求量小于供给量，理论上农业有机废弃物不能全量被该地区的农业生产所利用。漯河市各区域中，临颍县和高新区的需供比约 1.04 和 0.99，基本处于平衡状态。其余区域的需供比均小于 1.0。漯河市养殖业发达，堆肥潜在供给量充足，供给量大于需求量是该地区整体呈现堆肥需供比较小的主要原因。

表 5-70　漯河市各区域农业有机废弃物堆肥需供比

| 地区 | 潜在需求量/（万吨/年） | 潜在供给量/（万吨/年） | 需供比 |
|---|---|---|---|
| 源汇区 | 30.92 | 41.84 | 0.74 |
| 郾城区 | 73.02 | 97.53 | 0.75 |
| 召陵区 | 87.61 | 99.42 | 0.88 |
| 高新区 | 3.74 | 3.79 | 0.99 |
| 舞阳县 | 106.12 | 136.58 | 0.78 |
| 临颍县 | 159.29 | 153.17 | 1.04 |
| 漯河市 | 460.70 | 532.33 | 0.87 |

## 五、结论

本节以漯河市行政区域内的 4 区 2 县为对象，分别对以上各区域内的农作物对堆肥的潜在需求量及对各农业有机废弃物转换为堆肥的潜在供给量进行计算，对堆肥的需求和供给平衡进行定量分析，结果如下所示。

（1）研究对象漯河市全体农业有机废弃物堆肥潜在需求量和潜在供给量的总

需供比约 0.87，需求量小于供给量，理论上农业有机废弃物不能全量被该地区的农业生产所利用。

（2）漯河市的 4 区 2 县中临颍县和高新区，小区域内堆肥需求供给基本平衡。其余各区域需求量均小于供给量，整体呈现供大于求局面。

（3）漯河市畜产业较为发达，各畜禽粪便堆肥的潜在供给量约 334.49 万吨/年，占堆肥潜在供给总量的 62.84%，各种秸秆堆肥的潜在供给量约 197.84 万吨/年，占堆肥潜在供给总量的 37.16%，畜禽粪便由来的堆肥潜在供给量远大于秸秆由来的堆肥潜在供给量。

# 第十二节　三 门 峡 市

## 一、三门峡市地理位置和农业概况

1. 三门峡市地理位置

三门峡市位于河南省西部边缘，介于北纬 33°31′24″～35°05′48″、东经 110°21′42″～112°01′24″之间，总面积 1.031 万平方千米。三门峡市地处豫、晋、陕三省交界处，东连洛阳市，南接南阳市，西与陕西省接壤，北隔黄河与山西省相望，在历史上是三省接壤处的政治、经济和文化中心带。三门峡市行政区域有湖滨区、经济技术开发区（以下简称开发区）、产业聚居区（以下简称产聚区）、渑池县、陕县、卢氏县、义马市和灵宝市，由 3 区 3 县 2 市组成（以下简称各区域）。

2. 三门峡市农业概况

三门峡市地貌以山地、丘陵为主，其中山地约占 54.8%，丘陵占 36%，平原占 9.2%。大部分地区在海拔高度 300～1500 米之间，农业耕种土地相对有限。三门峡地处中纬度地带，温度随季节性变化比较明显，全年平均气温大致稳定在 13.8 摄氏度左右，年均降水量相对比较充沛为 580～680 毫米，以及全年平均受太阳光照辐照时长约 2261.7 小时。该地区跨度大、地形地貌相对复杂，具备了寒温带、暖温带和温带等多重气象条件。三门峡市的多重气候条件，造就了畜产业丰富、农作物品种繁多、产量大等农业特点。三门峡市 2013 年全年农作物总播种面积 225.72 千公顷，主要农作物有小麦、玉米、棉花、油料作物、烟叶等。

## 二、三门峡市各区域堆肥潜在需求量的计算

1. 三门峡市各区域各农作物种植面积

根据文献[80]和对三门峡市的现场调查，统计出三门峡市 2013 年全年各农作物种植面积如表 5-71 所示。三门峡市主要农作物秋收粮种植面积最高，约 87.28 千公顷，其次是夏收粮种植面积约 71.12 千公顷。三门峡总体耕种面积约 225.72 千公顷。各区域中耕种面积最多的是灵宝市，约 75.26 千公顷。其次是渑池县，耕种面积约 66.79 千公顷。

**表 5-71　三门峡市各区域各农作物种植面积**（2013 年）　　单位：千公顷

| 地区 | 夏收粮 | 秋收粮 | 棉花 | 油料类 | 烟叶 | 蔬菜 | 瓜果类 | 合计 |
|---|---|---|---|---|---|---|---|---|
| 湖滨区 | 1.30 | 1.80 | 0.07 | 0.77 | 0.00 | 1.50 | 0.09 | 5.53 |
| 义马市 | 0.98 | 1.23 | 0.03 | 0.19 | 0.03 | 0.57 | 0.02 | 3.05 |
| 渑池县 | 22.07 | 22.52 | 0.14 | 7.45 | 3.57 | 9.35 | 1.69 | 66.79 |
| 陕县 | 6.48 | 15.24 | 0.13 | 0.60 | 2.34 | 4.11 | 1.32 | 30.22 |
| 灵宝市 | 25.48 | 28.12 | 1.19 | 3.85 | 3.70 | 11.92 | 1.00 | 75.26 |
| 卢氏县 | 13.98 | 17.46 | 0.02 | 0.32 | 7.87 | 3.08 | 0.13 | 42.86 |
| 开发区 | 0.03 | 0.05 | 0.01 | 0.01 | 0.00 | 0.02 | 0.00 | 0.12 |
| 产聚区 | 0.80 | 0.86 | 0.04 | 0.05 | 0.00 | 0.13 | 0.01 | 1.89 |
| 三门峡市 | 71.12 | 87.29 | 1.63 | 13.24 | 17.51 | 30.68 | 4.26 | 225.72 |

2. 三门峡市各区域各农作物堆肥潜在需求量

根据第三章式（3-1）和表 3-1 各种作物的施肥原单位，以及表 5-71 三门峡市各区域各农作物种植面积，计算出三门峡市各区域各农作物的堆肥年潜在需求量，计算结果如表 5-72 所示。

**表 5-72　三门峡市各区域各农作物堆肥潜在需求量**（2013 年）　　单位：万吨/年

| 地区 | 夏收粮 | 秋收粮 | 棉花 | 油料类 | 烟叶 | 蔬菜 | 瓜果类 | 合计 |
|---|---|---|---|---|---|---|---|---|
| 湖滨区 | 1.30 | 1.80 | 0.10 | 1.16 | 0.00 | 3.01 | 0.19 | 7.56 |
| 义马市 | 0.98 | 1.23 | 0.05 | 0.28 | 0.05 | 1.14 | 0.04 | 3.77 |
| 渑池县 | 22.07 | 22.52 | 0.20 | 11.18 | 7.13 | 18.69 | 3.37 | 85.16 |
| 陕县 | 6.48 | 15.24 | 0.19 | 0.90 | 4.68 | 8.23 | 2.64 | 38.34 |
| 灵宝市 | 25.48 | 28.12 | 1.79 | 5.78 | 7.39 | 23.84 | 2.00 | 94.93 |

续表

| 地区 | 夏收粮 | 秋收粮 | 棉花 | 油料类 | 烟叶 | 蔬菜 | 瓜果类 | 合计 |
|---|---|---|---|---|---|---|---|---|
| 卢氏县 | 13.98 | 17.46 | 0.03 | 0.49 | 15.74 | 6.15 | 0.26 | 54.11 |
| 开发区 | 0.03 | 0.05 | 0.01 | 0.01 | 0.00 | 0.04 | 0.01 | 0.15 |
| 产聚区 | 0.80 | 0.87 | 0.06 | 0.08 | 0.00 | 0.25 | 0.02 | 2.08 |
| 三门峡市 | 71.12 | 87.29 | 2.44 | 19.87 | 34.99 | 61.35 | 9.06 | 286.12 |

根据现场调查和依据当地的耕作习惯，按农作物品种及实际种植面积对各类农作物堆肥潜在需求量进行计算。三门峡市各区域各农作物堆肥潜在需求总量约286.12万吨/年。其中潜在需求量最大的灵宝市约94.93万吨/年，占全市堆肥潜在需求总量的33.18%。市内各区及以矿业为主的义马市，农作物种植面积相对较小，需肥量也相对较少，市内3区和义马市的堆肥潜在需求量合计占全市需肥总量的4.74%。三门峡市各区域堆肥的潜在需求量存在较大的偏差。由总体数据可以看出，三门峡市堆肥潜在需求量最大的是秋收粮作物和夏收粮作物，其次是蔬菜和油料类作物。

## 三、三门峡市各区域农业有机废弃物堆肥潜在供给量的计算

### 1. 三门峡市各区域各畜禽粪便堆肥潜在供给量的计算

1）三门峡市各区域各畜禽的养殖量

根据《三门峡市统计年鉴》[80]，2013年年末，三门峡市畜禽存栏总数1043.29万头（只、羽），各区域各种畜禽的存栏情况如表5-73所示。其中大型牲畜，包括肉牛和奶牛合计22.72万头，占三门峡市畜禽存栏总数的2.18%。育肥猪和繁殖猪75.89万头，占全市畜禽存栏总数的7.27%。羊40.15万只，占全市畜禽存栏总数的3.85%。家兔4.72万只，占全市畜禽存栏总数的0.45%。家禽899.81万羽，占全市畜禽存栏总数的86.25%。从数量上来看，三门峡市以家禽饲养为主。渑池县各种畜禽存栏数382.29万头（只、羽）在三门峡市各区域中最多，约占三门峡市畜禽存栏总数的36.64%。

**表5-73　三门峡市各区域各畜禽存栏数量**　单位：万头（只、羽）

| 地区 | 肉牛 | 奶牛 | 育肥猪 | 繁殖猪 | 羊 | 家兔 | 家禽 | 合计 |
|---|---|---|---|---|---|---|---|---|
| 湖滨区 | 0.38 | 0.16 | 3.54 | 0.46 | 1.08 | 0.11 | 46.14 | 51.87 |
| 义马市 | 0.05 | 0.00 | 3.41 | 0.70 | 0.24 | 0.00 | 11.60 | 16.00 |

续表

| 地区 | 肉牛 | 奶牛 | 育肥猪 | 繁殖猪 | 羊 | 家兔 | 家禽 | 合计 |
|---|---|---|---|---|---|---|---|---|
| 渑池县 | 10.00 | 0.26 | 23.30 | 2.21 | 14.41 | 0.00 | 332.11 | 382.29 |
| 陕县 | 5.84 | 0.47 | 12.08 | 1.58 | 8.12 | 0.65 | 175.78 | 204.52 |
| 灵宝市 | 4.42 | 0.18 | 20.12 | 2.56 | 11.42 | 2.70 | 169.17 | 210.57 |
| 卢氏县 | 0.94 | 0.00 | 3.97 | 0.41 | 4.48 | 1.26 | 153.30 | 164.36 |
| 开发区 | 0.00 | 0.01 | 0.19 | 0.02 | 0.04 | 0.00 | 5.79 | 6.05 |
| 产聚区 | 0.01 | 0.00 | 1.22 | 0.12 | 0.36 | 0.00 | 5.92 | 7.63 |
| 三门峡市 | 21.64 | 1.08 | 67.83 | 8.06 | 40.15 | 4.72 | 899.81 | 1043.29 |

2）三门峡市各区域各畜禽粪便堆肥潜在供给量

根据第三章式（3-2）和表 3-2 各种畜禽粪便的发生原单位及堆肥率，以及表 5-73 三门峡市各畜禽的存栏数量，计算出三门峡市各区域各畜禽粪便堆肥的年潜在供给量，计算结果如表 5-74 所示。三门峡市各畜禽粪便堆肥的潜在供给总量约 168.70 万吨/年。堆肥潜在供给量最大的区域是渑池县，堆肥潜在供给量约 67.25 万吨/年，约占三门峡市各畜禽粪便年堆肥潜在供给总量的 39.86%。畜禽粪便堆肥潜在供给量最小的区域是开发区，潜在供给量约 0.33 万吨/年，仅占三门峡市各畜禽粪便年堆肥潜在供给总量的 0.2%，各区域各畜禽粪便堆肥的年潜在供给量存在较大的偏差。从表 5-74 也可看出，三门峡市的牛、猪粪便堆肥潜在供给量占据较大的比例，分别是 56.92%、21.94%。

**表 5-74　三门峡市各区域各畜禽粪便堆肥潜在供给量**（2013 年）　单位：万吨/年

| 地区 | 肉牛 | 奶牛 | 育肥猪 | 繁殖猪 | 羊 | 家兔 | 家禽 | 合计 |
|---|---|---|---|---|---|---|---|---|
| 湖滨区 | 1.50 | 1.59 | 1.63 | 0.33 | 0.50 | 0.00 | 0.88 | 6.43 |
| 义马市 | 0.20 | 0.00 | 1.57 | 0.51 | 0.10 | 0.00 | 0.22 | 2.60 |
| 渑池县 | 39.42 | 2.59 | 10.72 | 1.59 | 6.63 | 0.00 | 6.30 | 67.25 |
| 陕县 | 23.02 | 4.68 | 5.56 | 1.14 | 3.73 | 0.02 | 3.34 | 41.49 |
| 灵宝市 | 17.39 | 1.79 | 9.25 | 1.85 | 5.25 | 0.06 | 3.21 | 38.80 |
| 卢氏县 | 3.71 | 0.00 | 1.82 | 0.30 | 2.06 | 0.03 | 2.91 | 10.83 |
| 开发区 | 0.00 | 0.10 | 0.09 | 0.01 | 0.02 | 0.00 | 0.11 | 0.33 |
| 产聚区 | 0.04 | 0.00 | 0.56 | 0.09 | 0.17 | 0.00 | 0.11 | 0.97 |
| 三门峡市 | 85.28 | 10.75 | 31.20 | 5.82 | 18.46 | 0.11 | 17.08 | 168.70 |

2. 三门峡市各区域各农作物秸秆堆肥潜在供给量的计算

由于作物在收获期间秸秆基本处于干燥状态，符合堆肥含水量要求，因此可全量作为堆肥使用。根据第三章式（3-3）和表 3-3 各种农作物秸秆的产生系数谷草比和粮食产量[80]，计算各农作物秸秆的发生量。三门峡市各区域各农作物秸秆堆肥的潜在供给量计算结果如表 5-75 所示。

**表 5-75　三门峡市各区域各农作物秸秆堆肥潜在供给量**（2013 年）　单位：万吨/年

| 地区 | 夏收粮 | 秋收粮 | 豆类 | 红薯 | 棉花 | 花生 | 油料类 | 烟叶 | 合计 |
|---|---|---|---|---|---|---|---|---|---|
| 湖滨区 | 0.70 | 0.84 | 0.30 | 0.11 | 0.01 | 0.23 | 0.01 | 0.00 | 2.20 |
| 义马市 | 0.46 | 0.52 | 0.03 | 0.03 | 0.01 | 0.05 | 0.03 | 0.01 | 1.14 |
| 渑池县 | 10.56 | 5.59 | 4.26 | 1.58 | 0.03 | 2.35 | 0.68 | 1.32 | 26.37 |
| 陕县 | 3.15 | 6.66 | 1.38 | 0.54 | 0.04 | 0.11 | 0.03 | 0.88 | 12.79 |
| 灵宝市 | 11.59 | 11.53 | 3.23 | 0.78 | 0.36 | 1.14 | 0.43 | 1.65 | 30.71 |
| 卢氏县 | 6.16 | 4.32 | 4.13 | 0.59 | 0.01 | 0.22 | 0.02 | 3.22 | 18.67 |
| 开发区 | 0.02 | 0.03 | 0.01 | 0.00 | 0.00 | 0.01 | 0.00 | 0.00 | 0.07 |
| 产聚区 | 0.58 | 0.57 | 0.00 | 0.00 | 0.02 | 0.00 | 0.01 | 0.00 | 1.18 |
| 三门峡市 | 33.22 | 30.06 | 13.34 | 3.63 | 0.48 | 4.11 | 1.21 | 7.08 | 93.13 |

三门峡市各种秸秆堆肥潜在供给总量约 93.13 万吨/年，其中夏收粮和秋收粮作物的秸秆堆肥合计 63.28 万吨/年，占三门峡市各种秸秆堆肥潜在供给总量的 67.96%。各区域中农作物秸秆堆肥潜在供给量最大的是渑池县，约 26.37 万吨/年，占三门峡市各秸秆年堆肥潜在供给总量的 28.32%。秸秆堆肥潜在供给量最小的区域是开发区，秸秆潜在供给量约 0.07 万吨/年，仅占三门峡市各秸秆年堆肥潜在供给总量的 0.08%。

## 四、三门峡市各区域农业有机废弃物堆肥需求供给平衡分析

三门峡市堆肥潜在需求总量约 286.12 万吨/年，各农业有机废弃物（畜禽粪便和秸秆）堆肥潜在供给总量约 261.83 万吨/年，三门峡市各区域农业有机废弃物堆肥的需供比（潜在需求量/潜在供给量）如表 5-76 所示。

**表 5-76　三门峡市各区域农业有机废弃物堆肥需供比**

| 地区 | 潜在需求量/（万吨/年） | 潜在供给量/（万吨/年） | 需供比 |
|---|---|---|---|
| 湖滨区 | 7.56 | 8.63 | 0.88 |
| 义马市 | 3.77 | 3.74 | 1.01 |

续表

| 地区 | 潜在需求量/（万吨/年） | 潜在供给量/（万吨/年） | 需供比 |
|---|---|---|---|
| 渑池县 | 85.16 | 93.63 | 0.91 |
| 陕县 | 38.36 | 54.27 | 0.71 |
| 灵宝市 | 94.93 | 69.51 | 1.36 |
| 卢氏县 | 54.11 | 29.50 | 1.83 |
| 开发区 | 0.15 | 0.40 | 0.38 |
| 产聚区 | 2.08 | 2.15 | 0.97 |
| 三门峡市 | 286.12 | 261.83 | 1.09 |

根据以上数据计算出三门峡市整体堆肥需供比约 1.09。需供比超过 1.0 的情况说明堆肥潜在需求量高于潜在供给量，理论上农业有机废弃物全量可以被该地区的农业生产所利用。由以上数据可看出，三门峡市各区域需供比的分布呈现不均匀状态。局部地区如义马市、渑池县、产聚区和湖滨区堆肥的潜在需求量与堆肥的潜在供给量基本平衡。卢氏县是需供比最大的区域，需供比约 1.83。其次是灵宝市，需供比约 1.36。卢氏县和灵宝市的养殖数量和粮食作物较少，因此堆肥的潜在供给量较小。卢氏县和灵宝市的豆类和蔬菜类种植量相对较多，堆肥潜在需求量远大于潜在供给量而造成此结果。需供比最小的地区是开发区，约 0.38，其次是陕县，需供比约 0.71。主要是该两区域畜禽养殖量较大而种植面积相对较小，堆肥的潜在供给量大于堆肥的潜在需求量是主要原因。

## 五、结论

本节以三门峡市行政区域内的 3 区 2 市 3 县为对象，分别对以上各区域内的农作物对堆肥的潜在需求量及对各农业有机废弃物转换为堆肥的潜在供给量进行计算，对堆肥的需求和供给平衡进行定量分析，结果如下所示。

（1）研究对象三门峡市全体农业有机废弃物堆肥潜在需求量和潜在供给量的总需供比约 1.09，需求量大于供给量，该地区的农业有机废弃物全量可以被该地区农业所利用。

（2）三门峡市的 3 区 2 市 3 县堆肥需供比存在较大的偏差。局部地区如义马市、渑池县、产聚区和湖滨区，堆肥的需求供给处于基本平衡状态。卢氏县和灵宝市的堆肥呈现严重供不应求的局面。开发区和陕县呈现严重供大于求的局面。

（3）三门峡市各畜禽粪便堆肥的潜在供给量约 168.70 万吨/年，占堆肥潜在供给总量的 64.43%，各种秸秆堆肥的潜在供给量约 93.13 万吨/年，占堆肥潜在供给总量的 35.57%，畜禽粪便由来的堆肥潜在供给量远高于秸秆由来的堆肥潜在供给量。

# 第十三节　南　阳　市

## 一、南阳市地理位置和农业概况

### 1. 南阳市地理位置

南阳市位于河南省西南部，是豫、鄂、陕三省交界处，为三面环山、南部开口的盆地，因地处伏牛山以南、汉水以北而得名。南阳市介于北纬 32°17′～33°48′、东经 110°58′～113°49′之间，总面积 2.66 万平方千米，总人口 1096.22 万人，其中城镇人口 401.55 万人，在河南省 18 个省辖市中面积最大、人口最多。南阳市行政区域有宛城区、卧龙区、邓州市、南召县、方城县、西峡县、镇平县、内乡县、淅川县、社旗县、唐河县、新野县、桐柏县，由 2 区 1 市 10 县组成（以下简称各区域）。

### 2. 南阳市农业概况

南阳市处于亚热带向暖温带的过渡地带，属典型的季风大陆半湿润气候，四季分明，阳光充足，雨量充沛。南阳市是南水北调中线工程水源地和渠首所在地，市内河流众多，分属长江、淮河、黄河三大水系，长度在百千米以上的河流有 10 条。全市主要河流有丹江、唐河、白河、淮河、湍河、刁河、灌河等，可供开采量约 8.58 亿立方米，全市水资源总量 70.35 亿立方米，水储量、亩均水量及人均水量均居全省第一位。因此，该地区水力资源丰富适合多种农作物种植。南阳市 2013 年全年农作物总播种面积 1868.35 千公顷，盛产小麦、玉米、棉花、油料作物、各种蔬菜等。南阳市是河南省重要粮食基地，也是全国粮、棉、油集中产地。正常年景，粮食总产约占全省 11%、全国 1%。棉花占全省 20%、全国 4%。油料占全省 13%、全国 1.5%。小辣椒约占全国的 1/3，肉类总产约占全省 13%、全国 1%。有 6 个县市区是国家商品粮、棉基地，3 个县市区为国家优质棉基地。南阳黄牛，居全国五大优良品系之首，南阳黑猪在全省享有盛名。南阳市有宜林面积 1384 万亩，占全省的 1/4，林木覆盖率 35.7%。

## 二、南阳市各区域堆肥潜在需求量的计算

1. 南阳市各区域各农作物种植面积

根据文献[81]和对南阳市的现场调查，统计出南阳市2013年全年各农作物种植面积如表5-77所示。南阳市主要农作物夏收粮种植面积最高，约674.37千公顷。其次是秋收粮，种植面积约475.78千公顷。南阳市总体耕种面积约1868.35千公顷，耕种面积最多的是邓州市，约333.83千公顷。其次是唐河县，耕种面积约297.28千公顷。

**表5-77 南阳市各区域各农作物种植面积**（2013年） 单位：千公顷

| 地区 | 夏收粮 | 秋收粮 | 棉花 | 油料类 | 果蔬类 | 其他 | 总计 |
|---|---|---|---|---|---|---|---|
| 宛城区 | 41.06 | 27.46 | 10.62 | 6.90 | 29.88 | 0.33 | 116.25 |
| 卧龙区 | 34.67 | 27.65 | 3.99 | 13.89 | 17.31 | 1.41 | 98.92 |
| 南召县 | 16.61 | 20.26 | 0.00 | 11.34 | 7.71 | 4.49 | 60.41 |
| 方城县 | 63.59 | 54.62 | 2.99 | 47.54 | 30.24 | 5.12 | 204.10 |
| 西峡县 | 10.94 | 13.10 | 0.00 | 2.25 | 4.03 | 7.46 | 37.78 |
| 镇平县 | 51.29 | 46.68 | 4.63 | 21.47 | 11.18 | 2.55 | 137.80 |
| 内乡县 | 27.24 | 32.44 | 1.35 | 18.52 | 16.73 | 4.99 | 101.27 |
| 淅川县 | 34.73 | 26.97 | 0.75 | 40.75 | 23.96 | 4.72 | 131.88 |
| 社旗县 | 52.10 | 37.04 | 9.33 | 18.20 | 18.18 | 3.96 | 138.81 |
| 唐河县 | 135.69 | 78.89 | 10.48 | 26.72 | 40.50 | 5.00 | 297.28 |
| 新野县 | 49.90 | 25.19 | 9.45 | 24.37 | 27.29 | 0.44 | 136.64 |
| 桐柏县 | 20.43 | 24.46 | 0.22 | 20.19 | 5.41 | 2.67 | 73.38 |
| 邓州市 | 136.12 | 61.02 | 21.12 | 63.71 | 47.65 | 4.21 | 333.83 |
| 南阳市 | 674.37 | 475.78 | 74.93 | 315.85 | 280.07 | 47.35 | 1868.35 |

2. 南阳市各区域各农作物堆肥潜在需求量

根据第三章式（3-1）和表3-1各种作物的施肥原单位，以及表5-77南阳市各区域各农作物种植面积，计算出南阳市各区域各农作物的堆肥年潜在需求量，计算结果如表5-78所示。

**表5-78 南阳市各区域各农作物堆肥潜在需求量**（2013年） 单位：万吨/年

| 地区 | 夏收粮 | 秋收粮 | 棉花 | 油料类 | 果蔬类 | 其他 | 总计 |
|---|---|---|---|---|---|---|---|
| 宛城区 | 41.06 | 27.46 | 15.93 | 10.35 | 59.76 | 0.65 | 155.21 |

续表

| 地区 | 夏收粮 | 秋收粮 | 棉花 | 油料类 | 果蔬类 | 其他 | 总计 |
|---|---|---|---|---|---|---|---|
| 卧龙区 | 34.67 | 27.65 | 5.98 | 20.83 | 34.62 | 2.83 | 126.58 |
| 南召县 | 16.61 | 20.26 | 0.00 | 17.01 | 15.41 | 8.97 | 78.26 |
| 方城县 | 63.59 | 54.62 | 4.48 | 71.30 | 60.49 | 10.24 | 264.72 |
| 西峡县 | 10.93 | 13.10 | 0.00 | 3.38 | 8.05 | 14.92 | 50.38 |
| 镇平县 | 51.29 | 46.68 | 6.95 | 32.20 | 22.36 | 5.10 | 164.58 |
| 内乡县 | 27.24 | 32.43 | 2.02 | 27.78 | 33.47 | 9.99 | 132.93 |
| 淅川县 | 34.73 | 26.96 | 1.13 | 61.13 | 47.92 | 9.43 | 181.30 |
| 社旗县 | 52.10 | 37.04 | 14.00 | 27.30 | 36.36 | 7.93 | 174.73 |
| 唐河县 | 135.69 | 78.89 | 15.71 | 40.08 | 81.00 | 10.00 | 361.37 |
| 新野县 | 49.90 | 25.19 | 14.17 | 36.56 | 54.58 | 0.89 | 181.29 |
| 桐柏县 | 20.43 | 24.46 | 0.33 | 30.28 | 10.82 | 5.35 | 91.67 |
| 邓州市 | 136.12 | 61.02 | 31.67 | 95.57 | 95.29 | 8.41 | 428.08 |
| 南阳市 | 674.36 | 475.76 | 112.37 | 473.77 | 560.13 | 94.71 | 2391.10 |

根据现场调查和依据当地的耕作习惯，按农作物品种及实际种植面积对各类农作物堆肥潜在需求量进行计算。南阳市各农作物堆肥潜在需求总量约 2391.10 万吨/年。各区域中潜在需求量最大的邓州市约 428.08 万吨/年，占全市需肥总量的 17.90%。西峡县在南阳市各区域中农作物种植面积最小，需肥量也最少，堆肥潜在需求量占全市需肥总量的 2.1%。南阳市各区域堆肥的潜在需求量存在较大的偏差。南阳市各作物中需肥量最大的是夏收粮，堆肥潜在需求量约 674.36 万吨/年，占全市需肥总量的 28.20%。其次是果蔬类作物，堆肥潜在需求量约 560.13 万吨/年，占全市需肥总量的 23.43%。

## 三、南阳市各区域农业有机废弃物堆肥潜在供给量的计算

1. 南阳市各区域各畜禽粪便堆肥潜在供给量的计算

1）南阳市各区域各畜禽的养殖量

根据《南阳市统计年鉴》[81]，2013 年年末，南阳市畜禽存栏总数 7310.62 万头（只、羽），各区域各种畜禽的存栏情况如表 5-79 所示。其中大型牲畜，包括肉牛、奶牛、黄牛、马、驴、骡合计 154.21 万头，占南阳市畜禽存栏总数的 2.11%。育肥猪和繁殖猪 559.44 万头，占全市畜禽存栏总数的 7.65%。羊 260.72 万只，占

全市畜禽存栏总数的 3.57%。家兔 336.20 万只，占全市畜禽存栏总数的 4.60%。家禽 6000.05 万羽，占全市畜禽存栏总数的 82.07%。南阳市各区域中邓州市各种畜禽存栏数量最多，约 1457.97 万头（只、羽），占南阳市畜禽存栏总数的 19.94%。从以上数据来看，南阳市养殖业发达，各种畜禽养殖品种繁多、数量巨大，各种畜禽粪便堆肥的潜在供给量充分存在。

**表 5-79　南阳市各区域各畜禽存栏数量**　单位：万头（只、羽）

| 地区 | 繁殖猪 | 育肥猪 | 肉牛 | 奶牛 | 黄牛 | 马 | 驴 | 骡 | 羊 | 家兔 | 家禽 | 合计 |
|---|---|---|---|---|---|---|---|---|---|---|---|---|
| 宛城区 | 3.43 | 24.02 | 0.93 | 2.10 | 0.15 | 0.00 | 0.00 | 0.00 | 4.81 | 23.06 | 238.92 | 297.42 |
| 卧龙区 | 3.00 | 17.83 | 0.62 | 1.24 | 0.45 | 0.00 | 0.00 | 0.00 | 4.69 | 2.37 | 338.85 | 369.05 |
| 南召县 | 1.54 | 16.72 | 3.80 | 0.04 | 2.59 | 0.00 | 0.00 | 0.00 | 11.05 | 0.49 | 212.19 | 248.42 |
| 方城县 | 5.39 | 18.41 | 2.07 | 0.14 | 2.19 | 0.21 | 0.33 | 0.19 | 20.09 | 7.34 | 310.08 | 366.44 |
| 西峡县 | 2.33 | 21.72 | 3.66 | 0.06 | 1.82 | 0.01 | 0.01 | 0.00 | 16.93 | 0.83 | 246.85 | 294.22 |
| 镇平县 | 4.97 | 21.04 | 4.21 | 0.33 | 1.35 | 0.22 | 0.23 | 0.06 | 10.52 | 5.51 | 442.56 | 491.00 |
| 内乡县 | 8.27 | 70.14 | 5.02 | 0.22 | 3.69 | 0.00 | 0.00 | 0.00 | 45.63 | 16.38 | 373.36 | 522.71 |
| 淅川县 | 3.34 | 39.82 | 9.60 | 0.08 | 5.83 | 0.58 | 0.31 | 0.01 | 21.14 | 1.61 | 497.89 | 580.21 |
| 社旗县 | 4.38 | 59.80 | 5.09 | 0.46 | 4.87 | 0.63 | 0.95 | 0.22 | 13.76 | 71.72 | 361.10 | 522.98 |
| 唐河县 | 7.48 | 78.42 | 29.03 | 0.57 | 4.97 | 0.97 | 0.94 | 0.03 | 30.88 | 129.53 | 973.47 | 1256.29 |
| 新野县 | 4.13 | 23.24 | 9.53 | 0.49 | 3.59 | 0.00 | 0.00 | 0.00 | 22.35 | 49.88 | 523.44 | 636.65 |
| 桐柏县 | 1.34 | 18.59 | 3.85 | 0.06 | 3.19 | 0.00 | 0.00 | 0.00 | 9.76 | 5.36 | 225.11 | 267.26 |
| 邓州市 | 8.45 | 91.64 | 24.59 | 0.42 | 5.29 | 0.04 | 0.05 | 0.03 | 49.11 | 22.12 | 1256.23 | 1457.97 |
| 南阳市 | 58.05 | 501.39 | 102.00 | 6.21 | 39.98 | 2.66 | 2.82 | 0.54 | 260.72 | 336.20 | 6000.05 | 7310.62 |

2）南阳市各区域各畜禽粪便堆肥潜在供给量的计算

根据第三章式（3-2）和表 3-2 各种畜禽粪便的发生原单位及堆肥率，以及表 5-79 南阳市各畜禽的存栏数量，计算出南阳市各区域各畜禽粪便堆肥的年潜在供给量，计算结果如表 5-80 所示。

**表 5-80　南阳市各区域各畜禽粪便堆肥潜在供给量**（2013 年）　单位：万吨/年

| 地区 | 繁殖猪 | 育肥猪 | 肉牛 | 奶牛 | 黄牛 | 马 | 驴 | 骡 | 羊 | 家兔 | 家禽 | 合计 |
|---|---|---|---|---|---|---|---|---|---|---|---|---|
| 宛城区 | 1.65 | 7.36 | 2.44 | 13.95 | 0.40 | 0.00 | 0.00 | 0.00 | 2.21 | 0.81 | 6.80 | 35.62 |
| 卧龙区 | 1.45 | 5.47 | 1.63 | 8.23 | 1.17 | 0.00 | 0.00 | 0.00 | 2.16 | 0.08 | 9.65 | 29.84 |

续表

| 地区 | 繁殖猪 | 育肥猪 | 肉牛 | 奶牛 | 黄牛 | 马 | 驴 | 骡 | 羊 | 家兔 | 家禽 | 合计 |
|---|---|---|---|---|---|---|---|---|---|---|---|---|
| 南召县 | 0.74 | 5.13 | 9.99 | 0.27 | 6.73 | 0.04 | 0.26 | 0.00 | 5.08 | 0.02 | 6.04 | 34.30 |
| 方城县 | 2.60 | 5.64 | 5.44 | 0.93 | 5.69 | 0.44 | 0.40 | 0.23 | 9.24 | 0.26 | 8.83 | 39.70 |
| 西峡县 | 1.12 | 6.66 | 9.62 | 0.40 | 4.73 | 0.02 | 0.01 | 0.00 | 7.79 | 0.02 | 7.03 | 37.40 |
| 镇平县 | 2.39 | 6.45 | 11.07 | 2.19 | 3.51 | 0.46 | 0.28 | 0.07 | 4.84 | 0.19 | 12.60 | 44.05 |
| 内乡县 | 3.98 | 21.51 | 13.19 | 1.46 | 9.59 | 0.00 | 0.00 | 0.00 | 20.99 | 0.57 | 10.63 | 81.92 |
| 淅川县 | 1.61 | 12.21 | 25.23 | 0.53 | 15.15 | 1.20 | 0.38 | 0.01 | 9.72 | 0.06 | 14.18 | 80.28 |
| 社旗县 | 2.11 | 18.33 | 13.38 | 3.06 | 12.66 | 1.31 | 1.16 | 0.27 | 6.32 | 2.51 | 10.28 | 71.39 |
| 唐河县 | 3.60 | 24.05 | 76.29 | 3.79 | 12.92 | 2.01 | 1.15 | 0.04 | 14.20 | 4.54 | 27.71 | 170.30 |
| 新野县 | 1.99 | 7.13 | 25.04 | 3.26 | 9.33 | 0.00 | 0.00 | 0.00 | 10.27 | 1.75 | 14.90 | 73.67 |
| 桐柏县 | 0.65 | 5.70 | 10.12 | 0.40 | 8.29 | 0.02 | 0.09 | 0.00 | 4.49 | 0.19 | 6.41 | 36.36 |
| 邓州市 | 4.07 | 28.10 | 64.62 | 2.79 | 13.75 | 0.08 | 0.05 | 0.04 | 22.59 | 0.78 | 35.76 | 172.63 |
| 南阳市 | 27.96 | 153.74 | 268.06 | 41.26 | 103.92 | 5.58 | 3.78 | 0.66 | 119.90 | 11.78 | 170.82 | 907.46 |

南阳市各畜禽粪便堆肥潜在供给总量约 907.46 万吨/年。堆肥潜在供给量最大的区域是邓州市，堆肥潜在供给量约 172.63 万吨/年，约占南阳市各畜禽粪便年堆肥潜在供给总量的 19.02%。其次是唐河县，堆肥潜在供给量约 170.30 万吨/年，约占南阳市各畜禽粪便年堆肥潜在供给总量的 18.77%。畜禽粪便堆肥潜在供给量最小的区域是卧龙区，潜在供给量约 29.84 万吨/年，仅占南阳市各畜禽粪便年堆肥潜在供给总量的 3.29%。各区域各畜禽粪便堆肥的年潜在供给量存在较大的偏差。从表 5-80 中也可看出，南阳市养殖畜禽品种繁多。其中牛、猪的粪便堆肥潜在供给量占据较大的比例，分别是 45.54%和 20.02%。

2. 南阳市各区域各农作物秸秆堆肥潜在供给量的计算

由于作物在收获期间秸秆基本处于干燥状态，符合堆肥含水量要求，因此可全量作为堆肥使用。根据第三章式（3-3）和表 3-3 各种农作物秸秆的产生系数谷草比和粮食产量[81]，计算各农作物秸秆的发生量。南阳市各区域各农作物秸秆堆肥的潜在供给量计算结果如表 5-81 所示。

**表 5-81　南阳市各区域各农作物秸秆堆肥潜在供给量**（2013 年）　单位：万吨/年

| 地区 | 稻谷 | 小麦 | 玉米 | 豆类 | 棉花 | 薯类 | 花生 | 油料类 | 合计 |
|---|---|---|---|---|---|---|---|---|---|
| 宛城区 | 1.13 | 30.88 | 15.02 | 1.66 | 1.80 | 2.89 | 1.62 | 0.50 | 55.50 |

续表

| 地区 | 稻谷 | 小麦 | 玉米 | 豆类 | 棉花 | 薯类 | 花生 | 油料类 | 合计 |
|---|---|---|---|---|---|---|---|---|---|
| 卧龙区 | 0.78 | 19.40 | 14.26 | 0.91 | 0.66 | 5.31 | 3.21 | 0.66 | 45.19 |
| 南召县 | 5.21 | 7.86 | 6.95 | 0.37 | 0.00 | 4.40 | 3.90 | 0.26 | 28.95 |
| 方城县 | 0.05 | 38.97 | 25.58 | 3.32 | 0.49 | 8.39 | 13.64 | 4.65 | 95.09 |
| 西峡县 | 1.92 | 4.40 | 4.45 | 0.36 | 0.00 | 2.37 | 0.25 | 0.36 | 14.11 |
| 镇平县 | 0.36 | 31.76 | 28.66 | 0.98 | 0.76 | 3.98 | 4.17 | 2.19 | 72.86 |
| 内乡县 | 0.33 | 16.68 | 15.27 | 0.11 | 0.18 | 9.96 | 4.47 | 2.54 | 49.54 |
| 淅川县 | 2.07 | 15.04 | 10.67 | 1.75 | 0.12 | 3.03 | 3.84 | 10.33 | 46.85 |
| 社旗县 | 0.00 | 36.52 | 19.34 | 4.09 | 1.36 | 7.92 | 4.49 | 1.81 | 75.53 |
| 唐河县 | 7.57 | 93.42 | 24.32 | 4.19 | 1.73 | 20.31 | 7.20 | 3.05 | 161.79 |
| 新野县 | 0.00 | 44.67 | 14.71 | 1.41 | 1.62 | 3.78 | 7.34 | 1.51 | 75.04 |
| 桐柏县 | 12.31 | 10.13 | 1.53 | 0.76 | 0.02 | 1.40 | 4.82 | 1.59 | 32.56 |
| 邓州市 | 0.63 | 90.46 | 31.70 | 6.35 | 3.34 | 6.03 | 15.65 | 6.82 | 160.98 |
| 南阳市 | 32.36 | 440.19 | 212.46 | 26.26 | 12.08 | 79.77 | 74.60 | 36.27 | 913.99 |

南阳市各种秸秆堆肥的潜在供给总量约 913.99 万吨/年，其中小麦和玉米的秸秆合计 652.65 万吨/年，占南阳市各种秸秆堆肥潜在供给总量的 71.41%。各区域中农作物秸秆堆肥潜在供给量最大的是唐河县，约 161.79 万吨/年，占南阳市各秸秆年堆肥潜在供给总量的 17.70%。秸秆堆肥潜在供给量最小的区域是西峡县，秸秆潜在供给量约 14.11 万吨/年，仅占全市各秸秆年堆肥潜在供给总量的 1.54%。南阳市各区域的秸秆堆肥潜在供给量同样存在较大的偏差。

## 四、南阳市各区域农业有机废弃物堆肥需求供给平衡分析

南阳市堆肥潜在需求总量约 2391.10 万吨/年，各农业有机废弃物（畜禽粪便和秸秆）堆肥的潜在供给总量约 1821.45 万吨/年，南阳市各区域农业有机废弃物堆肥的需供比（潜在需求量/潜在供给量）如表 5-82 所示。根据以上数据计算出三门峡市整体堆肥需供比约 1.31。需供比超过 1.0 的情况说明潜在需求量高于潜在供给量，理论上农业有机废弃物全量可以被该地区的农业生产所利用。

**表 5-82　南阳市各区域农业有机废弃物堆肥需供比**

| 地区 | 潜在需求量/（万吨/年） | 潜在供给量/（万吨/年） | 需供比 |
|---|---|---|---|
| 宛城区 | 155.21 | 91.13 | 1.70 |

续表

| 地区 | 潜在需求量/（万吨/年） | 潜在供给量/（万吨/年） | 需供比 |
|---|---|---|---|
| 卧龙区 | 126.58 | 75.03 | 1.69 |
| 南召县 | 78.26 | 63.26 | 1.24 |
| 方城县 | 264.72 | 134.79 | 1.96 |
| 西峡县 | 50.38 | 51.52 | 0.98 |
| 镇平县 | 164.58 | 116.91 | 1.41 |
| 内乡县 | 132.93 | 131.46 | 1.01 |
| 淅川县 | 181.30 | 127.12 | 1.43 |
| 社旗县 | 174.73 | 146.92 | 1.19 |
| 唐河县 | 361.37 | 332.09 | 1.09 |
| 新野县 | 181.29 | 148.71 | 1.22 |
| 桐柏县 | 91.67 | 68.90 | 1.33 |
| 邓州市 | 428.08 | 333.61 | 1.28 |
| 南阳市 | 2391.10 | 1821.45 | 1.31 |

从表5-82中数据可看出，南阳市局部区域，内乡县、西峡县和唐河县堆肥的潜在需求量与堆肥的潜在供给量基本平衡。各区域中仅有西峡县需供比低于1.0，约0.98。其余各区域均高于1.0，南阳市各区域种植面积较大，对堆肥的潜在需求量普遍高于潜在供给量，呈现堆肥供不应求的局面。南阳市是河南省重要的农作物生产基地，对农业有机废弃物堆肥的需求潜力巨大。

## 五、结论

本节以南阳市行政区域内的2区1市10县为对象，分别对以上各区域内的农作物对堆肥的潜在需求量及对各农业有机废弃物转换为堆肥的潜在供给量进行计算，对堆肥的需求和供给平衡进行定量分析，结果如下所示。

（1）研究对象南阳市全体农业有机废弃物堆肥潜在需求量和潜在供给量的总需供比约1.31，需求量大于供给量，该地区的农业有机废弃物全量可以被该地区农业所利用。

（2）南阳市的2区1市10县中，内乡县、西峡县和唐河县堆肥的需求供给处于基本平衡状态。其余区域的堆肥需求量均不同程度的高于供给量，整体呈现堆肥供不应求的局面。

续表

| 地区 | 夏收粮 | 秋收粮 | 棉花 | 油料类 | 果蔬类 | 总计 |
|---|---|---|---|---|---|---|
| 永城市 | 102.46 | 83.95 | 4.07 | 10.67 | 275.76 | 476.91 |
| 商丘市 | 568.64 | 390.90 | 68.37 | 135.03 | 1962.44 | 3125.38 |

根据现场调查和依据当地的耕作习惯，按农作物品种及实际种植面积对各类农作物堆肥潜在需求量进行计算。商丘市各区域各农作物堆肥潜在需求总量约3125.38万吨/年。各区域中潜在需求量最大的睢县约534.30万吨/年，占全市需肥总量的17.1%。梁园区在商丘市各区域中农作物种植面积相对较小，需肥量也最少，堆肥潜在需求量约160.04万吨/年，占全市需肥总量的5.12%。商丘市各区域堆肥的需求量存在较大的偏差。商丘市经济农作物种类繁多，特别是多种水果和蔬菜类已成为国家的生产基地，果树和蔬菜类农作物在商丘市各农作物中需肥量最大，堆肥潜在需求量约1962.44万吨/年，占全市需肥总量的62.79%。其次是夏收粮作物，堆肥潜在需求量约568.64万吨/年，占需肥总量的18.19%。

## 三、商丘市各区域农业有机废弃物堆肥潜在供给量的计算

1. 商丘市各区域各畜禽粪便堆肥潜在供给量的计算

1）商丘市各区域各畜禽的养殖量

根据《商丘市统计年鉴》[82]，2013年年末，商丘市畜禽存栏总数6956.32万头（只、羽），各区域各种畜禽的存栏情况如表5-85所示。其中大型牲畜，包括黄牛、乳牛、马、驴、骡存栏总数共计88.18万头，占商丘市畜禽存栏总数的1.27%。猪350.38万头，占全市畜禽存栏总数的5.04%。山羊和绵羊294.16万只，占全市畜禽存栏总数的4.23%。家兔82.80万只，占全市畜禽存栏总数的1.19%。家禽6140.80万羽，占全市畜禽存栏总数的88.28%。从数量上来看，商丘市以家禽饲养为主而且养殖数量巨大。永城市各种畜禽存栏数约1501.68万头（只、羽），在商丘市各区域中最多，约占商丘市畜禽存栏总数21.59%。

**表5-85 商丘市各区域各畜禽存栏数量** 单位：万头（只、羽）

| 地区 | 黄牛 | 乳牛 | 马 | 驴 | 骡 | 猪 | 山羊 | 绵羊 | 家禽 | 家兔 | 合计 |
|---|---|---|---|---|---|---|---|---|---|---|---|
| 梁园区 | 3.60 | 0.32 | 0.50 | 0.42 | 0.00 | 12.11 | 11.77 | 0.00 | 515.89 | 2.86 | 547.47 |
| 睢阳区 | 5.14 | 0.39 | 0.01 | 0.02 | 0.00 | 58.15 | 23.42 | 0.00 | 718.46 | 5.72 | 811.31 |
| 民权县 | 9.04 | 1.32 | 0.00 | 0.00 | 0.00 | 32.75 | 46.34 | 1.84 | 710.55 | 2.53 | 804.37 |

续表

| 地区 | 黄牛 | 乳牛 | 马 | 驴 | 骡 | 猪 | 山羊 | 绵羊 | 家禽 | 家兔 | 合计 |
|---|---|---|---|---|---|---|---|---|---|---|---|
| 睢县 | 5.60 | 0.83 | 0.00 | 0.00 | 0.00 | 37.05 | 39.95 | 0.00 | 730.46 | 18.66 | 832.55 |
| 宁陵县 | 3.66 | 0.15 | 0.00 | 0.00 | 0.00 | 29.57 | 22.57 | 1.13 | 290.82 | 0.65 | 348.55 |
| 柘城县 | 9.54 | 0.27 | 0.00 | 0.00 | 0.00 | 31.60 | 20.70 | 0.00 | 415.46 | 30.00 | 507.57 |
| 虞城县 | 14.87 | 3.78 | 0.15 | 0.09 | 0.02 | 32.75 | 47.71 | 0.00 | 632.89 | 6.12 | 738.38 |
| 夏邑县 | 11.89 | 0.47 | 0.01 | 0.02 | 0.00 | 75.60 | 29.73 | 0.00 | 744.14 | 2.58 | 864.44 |
| 永城市 | 15.60 | 0.19 | 0.02 | 0.25 | 0.01 | 40.80 | 49.00 | 0.00 | 1382.13 | 13.68 | 1501.68 |
| 商丘市 | 78.94 | 7.72 | 0.69 | 0.80 | 0.03 | 350.38 | 291.19 | 2.97 | 6140.80 | 82.80 | 6956.32 |

2）商丘市各区域各畜禽粪便堆肥潜在供给量

根据第三章式（3-2）和表 3-2 各种畜禽粪便的发生原单位及堆肥率，以及表 5-85 商丘市各畜禽的存栏数量，计算出商丘市各区域各畜禽粪便堆肥的年潜在供给量，计算结果如表 5-86 所示。商丘市各畜禽粪便堆肥的潜在供给总量约 769.40 万吨/年。堆肥潜在供给量最大的区域是虞城县，堆肥潜在供给量约 133.15 万吨/年，约占商丘市各畜禽粪便年堆肥潜在供给总量的 17.31%。畜禽粪便堆肥潜在供给量最小的区域是梁园区，年潜在供给量约 40.25 万吨/年，仅占商丘市各畜禽粪便年堆肥潜在供给总量的 5.23%。各区域各畜禽粪便堆肥的年潜在供给量存在偏差。从表 5-86 也可看出，牛、家禽粪便堆肥潜在供给量在整体畜禽粪便堆肥潜在供给量中占据较高的比例，分别是 37.06%、22.72%。

**表 5-86 商丘市各区域各畜禽粪便堆肥潜在供给量**（2013 年） 单位：万吨/年

| 地区 | 黄牛 | 乳牛 | 马 | 驴 | 骡 | 猪 | 山羊 | 绵羊 | 家禽 | 家兔 | 合计 |
|---|---|---|---|---|---|---|---|---|---|---|---|
| 梁园区 | 9.46 | 3.19 | 1.04 | 0.52 | 0.00 | 5.84 | 5.41 | 0.00 | 14.69 | 0.10 | 40.25 |
| 睢阳区 | 14.22 | 3.89 | 0.02 | 0.02 | 0.00 | 28.02 | 10.77 | 0.00 | 20.45 | 0.20 | 77.59 |
| 民权县 | 23.76 | 13.15 | 0.00 | 0.00 | 0.00 | 15.78 | 21.31 | 0.85 | 20.23 | 0.09 | 95.17 |
| 睢县 | 14.72 | 8.27 | 0.00 | 0.00 | 0.00 | 17.85 | 18.37 | 0.00 | 20.80 | 0.65 | 80.66 |
| 宁陵县 | 9.62 | 1.49 | 0.00 | 0.00 | 0.00 | 14.25 | 10.38 | 0.52 | 8.28 | 0.02 | 44.56 |
| 柘城县 | 25.07 | 2.69 | 0.00 | 0.00 | 0.00 | 15.22 | 9.52 | 0.00 | 11.83 | 1.05 | 65.38 |
| 虞城县 | 39.08 | 37.67 | 0.31 | 0.11 | 0.02 | 15.78 | 21.94 | 0.00 | 18.02 | 0.22 | 133.15 |
| 夏邑县 | 31.25 | 4.69 | 0.02 | 0.02 | 0.00 | 36.42 | 13.67 | 0.00 | 21.19 | 0.09 | 107.35 |
| 永城市 | 41.00 | 1.90 | 0.04 | 0.31 | 0.01 | 19.66 | 22.54 | 0.00 | 39.35 | 0.48 | 125.29 |
| 商丘市 | 208.18 | 76.94 | 1.43 | 0.98 | 0.03 | 168.82 | 133.91 | 1.37 | 174.84 | 2.90 | 769.40 |

2. 商丘市各区域各农作物秸秆堆肥潜在供给量的计算

由于作物在收获期间秸秆基本处于干燥状态，符合堆肥含水量要求，因此可全量作为堆肥使用。根据第三章式（3-3）和表3-3各种农作物秸秆的产生系数谷草比和粮食产量[82]，计算各农作物秸秆的发生量。商丘市各区域各农作物秸秆堆肥的潜在供给量计算结果如表5-87所示。

**表5-87　商丘市各区域各农作物秸秆堆肥潜在供给量**（2013年）　单位：万吨/年

| 地区 | 夏收粮 | 秋收粮 | 豆类 | 红薯 | 棉花 | 油料类 | 花生 | 总计 |
|---|---|---|---|---|---|---|---|---|
| 梁园区 | 28.53 | 15.36 | 0.37 | 0.21 | 0.09 | 0.23 | 0.74 | 45.53 |
| 睢阳区 | 39.84 | 21.24 | 2.21 | 0.50 | 1.62 | 0.73 | 2.22 | 68.36 |
| 民权县 | 57.01 | 21.05 | 1.30 | 0.62 | 1.65 | 2.19 | 7.57 | 91.39 |
| 睢县 | 48.07 | 24.41 | 2.15 | 0.74 | 1.71 | 0.37 | 5.09 | 82.54 |
| 宁陵县 | 35.50 | 17.99 | 1.03 | 0.31 | 0.18 | 0.98 | 7.36 | 63.35 |
| 柘城县 | 52.08 | 28.78 | 0.31 | 0.27 | 0.58 | 1.91 | 0.42 | 84.35 |
| 虞城县 | 64.85 | 41.81 | 4.06 | 0.95 | 1.55 | 0.66 | 3.48 | 117.36 |
| 夏邑县 | 65.40 | 55.54 | 2.38 | 0.53 | 0.17 | 3.24 | 0.62 | 127.88 |
| 永城市 | 86.38 | 44.85 | 17.07 | 0.62 | 0.46 | 3.95 | 1.12 | 154.45 |
| 商丘市 | 477.66 | 271.03 | 30.88 | 4.75 | 8.01 | 14.26 | 28.62 | 835.21 |

商丘市各种秸秆堆肥潜在供给总量约835.21万吨/年，其中夏收粮和秋收粮作物的秸秆合计748.69万吨/年，占商丘市各种秸秆堆肥潜在供给量的89.64%。各区域中农作物秸秆堆肥潜在供给量最大的是永城市，约154.45万吨/年，占商丘市各秸秆年堆肥潜在供给总量的18.49%。年秸秆堆肥潜在供给量最小的区域是梁园区，秸秆潜在供给量约45.53万吨/年，占商丘市各秸秆年堆肥潜在供给总量的5.45%。

## 四、商丘市各区域农业有机废弃物堆肥需求供给平衡分析

商丘市堆肥的潜在需求总量约3125.38万吨/年，各农业有机废弃物（畜禽粪便和秸秆）堆肥的潜在供给总量约1604.58万吨/年，商丘市各区域农业有机废弃物堆肥的需供比（潜在需求量/潜在供给量）如表5-88所示。

**表5-88　商丘市各区域农业有机废弃物堆肥需供比**

| 地区 | 潜在需求量/（万吨/年） | 潜在供给量/（万吨/年） | 需供比 |
|---|---|---|---|
| 梁园区 | 160.04 | 85.78 | 1.87 |

续表

| 地区 | 潜在需求量/（万吨/年） | 潜在供给量/（万吨/年） | 需供比 |
|---|---|---|---|
| 睢阳区 | 355.27 | 145.95 | 2.43 |
| 民权县 | 305.96 | 186.56 | 1.64 |
| 睢县 | 534.30 | 163.20 | 3.27 |
| 宁陵县 | 220.97 | 107.91 | 2.05 |
| 柘城县 | 302.54 | 149.73 | 2.02 |
| 虞城县 | 442.31 | 250.51 | 1.77 |
| 夏邑县 | 327.08 | 235.23 | 1.39 |
| 永城市 | 476.91 | 279.74 | 1.70 |
| 商丘市 | 3125.38 | 1064.61 | 1.95 |

根据以上数据计算出商丘市整体堆肥需供比约 1.95。需供比超过 1.0 的情况说明潜在需求量高于潜在供给量，理论上农业有机废弃物全量可以被该地区的农业生产所利用。商丘市各区域需供比均超过 1.0，最高的睢县高达 3.27，需供比最低的夏邑县也达到 1.39。商丘市各区域农业有机废弃物堆肥呈现不同程度的需求供给不平衡状态。商丘市各种经济作物种植面积较多，堆肥潜在需求量较大，是各区域需供比普遍较高的主要原因之一。商丘市整体堆肥需求供给处于严重供不应求状态。

## 五、结论

本节以商丘市行政区域内的 2 区 1 市 6 县为对象，分别对以上各区域内的农作物对堆肥的潜在需求量及对各农业有机废弃物转换为堆肥的潜在供给量进行计算，对堆肥的需求和供给平衡进行定量分析，结果如下所示。

（1）研究对象商丘市全体农业有机废弃物堆肥潜在需求量和潜在供给量的总需供比约 1.95，需求量大于供给量，理论上农业有机废弃物全量可以被该地区的农业生产所利用，而其呈现严重供不应求的局面。

（2）商丘市的 2 区 1 市 6 县堆肥需供比均超过 1.0，各区域农业有机废弃物堆肥呈现不同程度的需求供给不平衡状态。

（3）商丘市各畜禽粪便堆肥的潜在供给量约 769.40 万吨/年，占堆肥潜在供给总量的 47.95%，各种秸秆堆肥的潜在供给量约 835.21 万吨/年，占堆肥潜在供给总量的 52.05%，畜禽粪便由来的堆肥潜在供给量和秸秆由来的堆肥潜在供给量处于基本平衡状态。

# 第十五节 信 阳 市

## 一、信阳市地理位置和农业概况

1. 信阳市地理位置

信阳市地处河南省最南部，淮河上游，大别山北麓，东邻安徽省、南接湖北省，素有三省通衢之称。全境东西长约 205 千米，南北宽约 142 千米，总面积 18915 平方千米。信阳市位于东经 114°06′、北纬 31°125′，地势南高北低。西部和南部为桐柏山、大别山，面积近 7000 平方千米，占全市总面积的 37.1%，是长江、淮河两大流域的分水岭。中部是丘陵岗地，合肥-潢川盆地西半部分，海拔 50～100 米，面积 7000 多平方千米，占全市总面积的 38.5%。此区梯田层层，河渠纵横，塘堰密布，水田如网。北部是平原和洼地，面积 4000 多平方千米，占全市总面积的 24.4%。信阳市行政区域有浉河区、平桥区、潢川县、淮滨县、息县、新县、商城县、固始县、罗山县、光山县，由 2 区 8 县组成（以下简称各区域）。

2. 信阳市农业概况

信阳市绝大部分区域位于淮河以南，属亚热带季风气候。信阳市山清水秀，水田盈野，稻香鱼跃。日照充足，年均 1900～2100 小时。年平均气温 15.1～15.3 摄氏度，无霜期长，平均 220～230 天。降雨丰沛，年均降雨量 900～1400 毫米，空气湿润，相对湿度年均 77%。四季分明，各具特色。春季天气多变，阴雨连绵，季降水日数多于夏季，降雨量达 250～380 毫米，占全年降水量的 26%～30%。夏季高温高湿气候明显，光照充足，降水量多，暴雨常现，降水量 400～600 毫米，占全年的 42%～46%。秋季凉爽，天气多晴，降水顿减，季均降水量 170～270 毫米，占全年的 18%～20%。冬季气候干冷，降水量少，为 80～110 毫米，占全年的 10%。冬季在四季中历时最长（130 天左右），但寒冷期短，日平均气温低于 0 摄氏度的日数年平均 30 天左右。信阳气候适合多种农作物的生长，信阳市 2013 年全年农作物总播种面积 1068.57 千公顷。农作物种类丰富，主要有水稻、小麦、玉米、花生、棉花、各种蔬菜和各种经济作物。

## 二、信阳市各区域堆肥潜在需求量的计算

1. 信阳市各区域各农作物种植面积

根据文献[83]和对信阳市的现场调查，统计出信阳市 2013 年全年各农作物种

植面积如表 5-89 所示。信阳市总体耕种面积约 1068.57 千公顷，信阳市稻谷种植面积最高，约 452.80 千公顷，占信阳市总体耕种面积的 42.37%。其次是小麦，种植面积约 310.17 千公顷，占信阳市总体耕种面积的 29.03%。各区域中耕种面积最多的是固始县，约 214.41 千公顷。其次是息县，耕种面积约 170.62 千公顷。

**表 5-89 信阳市各区域各农作物种植面积**（2013 年） 单位：千公顷

| 地区 | 小麦 | 稻谷 | 玉米 | 大豆 | 薯类 | 棉花 | 花生 | 油料类 | 合计 |
|---|---|---|---|---|---|---|---|---|---|
| 浉河区 | 4.53 | 14.50 | 0.30 | 0.20 | 1.40 | 0.02 | 1.98 | 4.35 | 27.28 |
| 平桥区 | 31.39 | 34.40 | 4.10 | 2.00 | 2.60 | 0.03 | 14.60 | 11.66 | 100.78 |
| 罗山县 | 27.35 | 63.00 | 0.10 | 1.80 | 1.60 | 0.22 | 3.16 | 27.12 | 124.35 |
| 光山县 | 18.80 | 51.70 | 0.00 | 1.70 | 1.30 | 0.30 | 3.21 | 30.81 | 107.82 |
| 新县 | 1.30 | 12.40 | 0.10 | 0.20 | 1.00 | 0.05 | 2.26 | 6.98 | 24.29 |
| 商城县 | 12.00 | 33.50 | 0.10 | 1.60 | 0.80 | 0.12 | 4.68 | 15.11 | 67.91 |
| 固始县 | 38.50 | 107.00 | 4.80 | 2.40 | 1.50 | 0.20 | 9.55 | 50.46 | 214.41 |
| 潢川县 | 35.80 | 56.10 | 0.10 | 0.40 | 0.50 | 0.05 | 2.35 | 21.68 | 116.98 |
| 淮滨县 | 51.20 | 33.20 | 5.20 | 2.10 | 4.80 | 0.52 | 8.34 | 8.77 | 114.13 |
| 息县 | 89.30 | 47.00 | 17.30 | 2.50 | 3.00 | 1.09 | 6.36 | 4.07 | 170.62 |
| 信阳市 | 310.17 | 452.80 | 32.10 | 14.90 | 18.50 | 2.60 | 56.49 | 181.01 | 1068.57 |

2. 信阳市各区域各农作物堆肥潜在需求量

根据第三章式（3-1）和表 3-1 各种作物的施肥原单位，以及表 5-89 信阳市各区域各农作物种植面积，计算出信阳市各区域各农作物的堆肥年潜在需求量，计算结果如表 5-90 所示。

**表 5-90 信阳市各区域各农作物堆肥潜在需求量**（2013 年） 单位：万吨/年

| 地区 | 小麦 | 稻谷 | 玉米 | 大豆 | 薯类 | 棉花 | 花生 | 油料类 | 总计 |
|---|---|---|---|---|---|---|---|---|---|
| 浉河区 | 4.53 | 14.50 | 0.30 | 0.30 | 2.80 | 0.03 | 1.98 | 6.53 | 30.97 |
| 平桥区 | 31.39 | 34.42 | 4.10 | 3.00 | 5.20 | 0.05 | 14.60 | 17.49 | 110.25 |
| 罗山县 | 27.35 | 63.00 | 0.10 | 2.70 | 3.20 | 0.33 | 3.16 | 40.68 | 140.52 |
| 光山县 | 18.80 | 51.70 | 0.00 | 2.55 | 2.60 | 0.45 | 3.21 | 46.22 | 125.53 |
| 新县 | 1.30 | 12.40 | 0.10 | 0.30 | 2.00 | 0.08 | 2.26 | 10.47 | 28.91 |
| 商城县 | 12.00 | 33.50 | 0.10 | 2.40 | 1.60 | 0.18 | 4.68 | 22.67 | 77.13 |
| 固始县 | 38.50 | 107.00 | 4.80 | 3.60 | 3.00 | 0.30 | 9.55 | 75.69 | 242.44 |

续表

| 地区 | 小麦 | 稻谷 | 玉米 | 大豆 | 薯类 | 棉花 | 花生 | 油料类 | 总计 |
|---|---|---|---|---|---|---|---|---|---|
| 潢川县 | 35.80 | 56.10 | 0.10 | 0.60 | 1.00 | 0.08 | 2.35 | 32.52 | 128.55 |
| 淮滨县 | 51.20 | 33.20 | 5.20 | 3.15 | 9.60 | 0.78 | 8.34 | 13.16 | 124.63 |
| 息县 | 89.30 | 47.00 | 17.30 | 3.75 | 6.00 | 1.57 | 6.37 | 6.11 | 177.40 |
| 信阳市 | 310.17 | 452.82 | 32.10 | 22.35 | 37.00 | 3.85 | 56.50 | 27.54 | 1186.33 |

根据现场调查和依据当地的耕作习惯，按农作物品种及实际种植面积对各类农作物堆肥潜在需求量进行计算。信阳市各农作物堆肥潜在需求总量约 1186.33 万吨/年。各区域中潜在需求量最大的固始县约 242.44 万吨/年，占全市需肥总量的 20.44%。新县在信阳市各区域中农作物种植面积相对较小，需肥量也最少，堆肥潜在需求量约 28.91 万吨/年，占全市需肥总量的 2.44%。信阳市各区域堆肥的需求量存在较大的偏差。信阳市水力资源丰富，是河南省著名的鱼米之乡，盛产水稻。稻谷在信阳市各农作物中需肥量最大，堆肥潜在需求量约 452.80 万吨/年，占全市需肥总量的 38.17%。其次是小麦的堆肥潜在需求量约 310.17 万吨/年，占全信阳市需肥总量的 26.15%。

## 三、信阳市各区域农业有机废弃物堆肥潜在供给量的计算

### 1. 信阳市各区域各畜禽粪便堆肥潜在供给量的计算

1）信阳市各区域各畜禽的养殖量

根据《信阳市统计年鉴》[83]，2013 年年末，信阳市畜禽存栏总数 6623.48 万头（只、羽），各区域各种畜禽的存栏情况如表 5-91 所示。

**表 5-91　信阳市各区域各畜禽存栏数量**　单位：万头（只、羽）

| 地区 | 牛 | 家兔 | 猪 | 羊 | 家禽 | 总计 |
|---|---|---|---|---|---|---|
| 浉河区 | 2.78 | 0.00 | 11.97 | 2.97 | 195.88 | 213.60 |
| 平桥区 | 5.68 | 0.00 | 35.80 | 5.49 | 413.58 | 460.55 |
| 罗山县 | 5.60 | 0.89 | 31.09 | 3.56 | 435.04 | 476.18 |
| 光山县 | 7.15 | 0.00 | 18.10 | 2.00 | 510.34 | 537.59 |
| 新县 | 6.08 | 7.69 | 14.04 | 3.06 | 159.74 | 190.61 |
| 商城县 | 5.26 | 1.00 | 17.17 | 9.38 | 500.36 | 533.17 |
| 固始县 | 6.33 | 14.00 | 62.91 | 26.56 | 1913.23 | 2023.03 |

续表

| 地区 | 牛 | 家兔 | 猪 | 羊 | 家禽 | 总计 |
|---|---|---|---|---|---|---|
| 潢川县 | 8.21 | 0.00 | 53.80 | 4.56 | 1114.46 | 1181.03 |
| 淮滨县 | 6.32 | 16.76 | 19.22 | 11.71 | 377.96 | 431.97 |
| 息县 | 5.29 | 2.37 | 41.81 | 5.60 | 520.68 | 575.75 |
| 信阳市 | 58.70 | 42.71 | 305.91 | 74.89 | 6141.27 | 6623.48 |

信阳市的各区域各养殖畜禽中，大型牲畜牛共计 58.70 万头，占信阳市畜禽存栏总数的 0.89%。其余各畜禽的存栏数，家兔 42.71 万只，占全市畜禽存栏总数的 0.64%。猪 305.91 万头，占全市畜禽存栏总数的 4.62%。羊 74.89 万只，占全市畜禽存栏总数的 1.13%。家禽 6141.27 万羽，占全市畜禽存栏总数的 92.72%。从数量上来看，信阳市以家禽饲养为主而且养殖数量巨大。固始县各种畜禽存栏数 2023.03 万头（只、羽），在信阳市各区域中最多，约占信阳市畜禽存栏总数 30.54%。

2）信阳市各区域各畜禽粪便堆肥潜在供给量

根据第三章式（3-2）和表 3-2 各种畜禽粪便的发生原单位及堆肥率，以及表 5-91 信阳市各畜禽的存栏数量，计算出信阳市各区域各畜禽粪便堆肥的年潜在供给量，计算结果如表 5-92 所示。

**表 5-92　信阳市各区域各畜禽粪便堆肥潜在供给量**（2013 年）　单位：万吨/年

| 地区 | 牛 | 家兔 | 猪 | 羊 | 家禽 | 总计 |
|---|---|---|---|---|---|---|
| 浉河区 | 7.22 | 0.00 | 3.67 | 1.37 | 5.58 | 17.84 |
| 平桥区 | 14.76 | 0.00 | 10.98 | 2.52 | 11.77 | 40.03 |
| 罗山县 | 14.55 | 0.03 | 9.53 | 1.64 | 12.39 | 38.14 |
| 光山县 | 18.58 | 0.00 | 5.55 | 0.92 | 14.53 | 39.58 |
| 新县 | 15.80 | 0.27 | 4.30 | 1.41 | 4.55 | 26.33 |
| 商城县 | 13.67 | 0.04 | 5.26 | 4.31 | 14.25 | 37.53 |
| 固始县 | 16.45 | 0.49 | 19.29 | 12.21 | 54.47 | 102.91 |
| 潢川县 | 21.34 | 0.00 | 16.50 | 2.10 | 31.72 | 71.66 |
| 淮滨县 | 16.42 | 0.59 | 5.89 | 5.39 | 10.76 | 39.05 |
| 息县 | 13.75 | 0.08 | 12.82 | 2.58 | 14.82 | 44.05 |
| 信阳市 | 152.54 | 1.50 | 93.79 | 34.45 | 174.84 | 457.12 |

信阳市各畜禽粪便堆肥的潜在供给总量约 457.12 万吨/年。各畜禽粪便堆肥潜在供给量最大的区域是固始县，堆肥潜在供给量约 102.91 万吨/年，约占全市各畜禽粪便年堆肥潜在供给总量的 22.51%。各畜禽粪便堆肥潜在供给量最小的区域是浉河区，潜在供给量约 17.84 万吨/年，仅占信阳市各畜禽粪便年堆肥潜在供给总量的 3.9%。各区域各畜禽粪便堆肥的年潜在供给量存在偏差。从表 5-92 中也可看出家禽、牛、猪粪便堆肥潜在供给量在信阳市整体中占据较大的比例，分别是 38.25%、33.37%、20.52%。

2. 信阳市各区域各农作物秸秆堆肥潜在供给量的计算

由于作物在收获期间秸秆基本处于干燥状态，符合堆肥含水量要求，因此可全量作为堆肥使用。根据第三章式（3-3）和表 3-3 各种农作物秸秆的产生系数谷草比和粮食产量[83]，计算各农作物秸秆的发生量。信阳市各区域各农作物秸秆堆肥的潜在供给量计算结果如表 5-93 所示。

**表 5-93 信阳市各区域各农作物秸秆堆肥潜在供给量**（2013 年） 单位：万吨/年

| 地区 | 小麦 | 稻谷 | 玉米 | 大豆 | 薯类 | 棉花 | 花生 | 油料类 | 总计 |
|---|---|---|---|---|---|---|---|---|---|
| 浉河区 | 1.86 | 13.46 | 0.25 | 0.03 | 0.47 | 0.00 | 0.45 | 1.80 | 18.32 |
| 平桥区 | 16.15 | 34.75 | 3.14 | 0.40 | 0.73 | 0.00 | 5.93 | 3.87 | 64.97 |
| 罗山县 | 13.42 | 63.12 | 0.04 | 0.22 | 0.17 | 0.03 | 0.72 | 13.77 | 91.49 |
| 光山县 | 9.49 | 53.32 | 0.00 | 0.25 | 0.32 | 0.05 | 0.63 | 17.19 | 81.25 |
| 新县 | 0.49 | 12.05 | 0.05 | 0.02 | 0.14 | 0.02 | 1.06 | 3.21 | 17.04 |
| 商城县 | 5.87 | 32.63 | 0.05 | 0.17 | 0.11 | 0.02 | 1.18 | 8.49 | 48.52 |
| 固始县 | 20.15 | 106.99 | 2.87 | 0.34 | 0.16 | 0.03 | 2.82 | 30.27 | 163.63 |
| 潢川县 | 17.89 | 54.09 | 0.09 | 0.03 | 0.14 | 0.02 | 0.53 | 12.15 | 84.94 |
| 淮滨县 | 30.32 | 28.25 | 2.60 | 0.18 | 0.71 | 0.10 | 2.45 | 4.29 | 68.90 |
| 息县 | 54.78 | 41.14 | 9.70 | 0.50 | 0.66 | 0.20 | 1.73 | 1.95 | 110.66 |
| 信阳市 | 170.42 | 439.80 | 18.79 | 2.14 | 3.61 | 0.47 | 17.50 | 96.99 | 749.72 |

信阳市各种秸秆堆肥潜在供给总量约 749.72 万吨/年，其中稻谷和小麦的秸秆合计 610.22 万吨/年，占信阳市各种秸秆堆肥潜在供给总量的 81.39%。各区域中农作物秸秆堆肥潜在供给量最大的是固始县，潜在供给量约 163.63 万吨/年，占信阳市各秸秆年堆肥潜在供给总量的 21.83%。秸秆堆肥潜在供给量最小的区域是浉河区，秸秆潜在供给量约 18.32 万吨/年，占信阳市各秸秆年堆肥潜在供给总量的 2.44%。

## 四、信阳市各区域农业有机废弃物堆肥需求供给平衡分析

信阳市堆肥的潜在需求总量约 1186.33 万吨/年，各农业有机废弃物（畜禽粪便和秸秆）堆肥的潜在供给总量约 1206.84 万吨/年，信阳市各区域农业有机废弃物堆肥的需供比（潜在需求量/潜在供给量）如表 5-94 所示。根据表 5-94 中数据计算出信阳市整体堆肥需供比约 0.98，需供比低于 1.0 的情况说明潜在需求量小于潜在供给量，理论上农业有机废弃物不能全量被该地区的农业生产所利用，但是呈现需求量略低于供给量的基本平衡局面。

**表 5-94 信阳市各区域农业有机废弃物堆肥需供比**

| 地区 | 潜在需求量/（万吨/年） | 潜在供给量/（万吨/年） | 需供比 |
|---|---|---|---|
| 浉河区 | 30.97 | 36.16 | 0.86 |
| 平桥区 | 110.25 | 105.00 | 1.05 |
| 罗山县 | 140.52 | 129.63 | 1.08 |
| 光山县 | 125.53 | 120.83 | 1.04 |
| 新县 | 28.91 | 43.37 | 0.67 |
| 商城县 | 77.13 | 86.05 | 0.90 |
| 固始县 | 242.44 | 266.54 | 0.91 |
| 潢川县 | 128.55 | 156.60 | 0.82 |
| 淮滨县 | 124.63 | 107.95 | 1.15 |
| 息县 | 177.40 | 154.71 | 1.15 |
| 信阳市 | 1186.33 | 1206.84 | 0.98 |

由以上数据可看出，信阳市各区域中需供比最低的新县约 0.67。主要原因是新县的各农作物耕种面积在信阳市各区域中最小，堆肥的潜在需求量也最少，但该县的畜禽养殖业相对较为发达，堆肥的潜在供给量充分存在而造成此结果。新县的堆肥潜在需求量和潜在供给量在各区域中相对较小，因此对信阳市整体需供比影响较小。其余各区域中潢川县、浉河区和商城县的需供比略低于 1.0，息县、淮滨县、光山县、罗山县和平桥区的需供比略高于 1.0，以上各原因使信阳市整体堆肥的潜在需求量和潜在供给量均处于基本平衡状态。

## 五、结论

本节以信阳市行政区域内的 2 区 8 县为对象，分别对以上各区域内的农作物

对堆肥的潜在需求量及对各农业有机废弃物转换为堆肥的潜在供给量进行计算，对堆肥的需求和供给平衡进行定量分析，结果如下所示。

（1）研究对象信阳市整体农业有机废弃物堆肥潜在需求量和潜在供给量的总需供比约 0.98，需求量略小于供给量，理论上农业有机废弃物不能全量被该地区的农业生产所利用。

（2）信阳市的 2 区 8 县中，新县堆肥需供比最低，约 0.67。其余各区域堆肥的潜在需求量和潜在供给量差别较小，信阳市整体的潜在堆肥需求量与潜在供给量处于基本平衡状态。

（3）信阳市各畜禽粪便堆肥的潜在供给量约 457.12 万吨/年，占堆肥潜在供给总量的 37.88%，各种秸秆堆肥的潜在供给量约 749.72 万吨/年，占堆肥潜在供给总量的 62.12%，畜禽粪便由来的堆肥潜在供给量远低于秸秆由来的堆肥潜在供给量。

# 第十六节　周　口　市

## 一、周口市地理位置和农业概况

### 1. 周口市地理位置

周口市位于河南省东南部，南与驻马店市相连，北和开封市、商丘市接壤，西接河南省漯河市、许昌市，东临安徽省阜阳市。周口市总面积 11959 平方千米，介于东经 114°64′20″～114°30′15″、北纬 33°62′56″～33°35′22″之间。周口市行政区域有川汇区、项城市、西华县、沈丘县、商水县、郸城县、淮阳县、太康县、鹿邑县、扶沟县，由 1 区 1 市 8 县组成（以下简称各区域）。

### 2. 周口市农业概况

周口市地处中纬度地带，属亚热带季风气候和暖温带季风型气候的模糊地带，具备南北方之长，四季分明，雨量充沛。冬季温差较大，降水夏秋偏多冬季偏少。周口市年平均气温在 14.5～15.8 摄氏度之间。全市平均霜期为 146 天，无霜期 219 天。适合生长小麦、玉米、棉花、油料等农作物。周口市 2013 年全年农作物总播种面积 1610.52 千公顷，是全国重要的粮、棉、油、肉、烟生产基地。周口市是传统农业大市和河南省第一产粮大市，粮食总产量约占全省粮食总产量的 1/7。其中，夏收粮产量约占全省夏收粮的 1/6，约占全国总产量的 1/25。另外，周口市还是国家重要的黄牛、槐山羊、生猪的养殖及肉类出口基地。所产槐山羊皮为出口免检产品，远销美国、英国、意大利、日本及东欧各国，历史上的周口市与河北张家口并称中国南北两大皮都。周口市还是闻名全国的平原绿化先进市，森林覆盖率达 20%，素有平原林海之称。

## 二、周口市各区域堆肥潜在需求量的计算

1. 周口市各区域各农作物种植面积

根据文献[84]和对周口市的现场调查，统计出周口市 2013 年全年各农作物种植面积如表 5-95 所示。周口市主要农作物夏收粮种植面积最高，约 640.02 千公顷，占周口市总体耕种面积的 39.74%，其次是秋收粮种植面积约 467.76 千公顷，占周口市总体耕种面积的 29.04%。周口市总体耕种面积约 1610.52 千公顷，各区域中种植面积最多的是太康县，约 225.53 千公顷，占周口市总体耕种面积的 14%。

**表 5-95　周口市各区域各农作物种植面积**（2013 年）　　单位：千公顷

| 地区 | 夏收粮 | 秋收粮 | 油料类 | 果树 | 棉花 | 蔬菜类 | 合计 |
|---|---|---|---|---|---|---|---|
| 川汇区 | 8.95 | 8.57 | 0.97 | 0.49 | 0.75 | 7.21 | 26.94 |
| 扶沟县 | 58.00 | 22.95 | 6.34 | 1.11 | 35.98 | 18.44 | 142.82 |
| 西华县 | 63.33 | 35.10 | 10.61 | 5.67 | 20.95 | 24.70 | 160.36 |
| 商水县 | 71.33 | 78.23 | 12.18 | 0.93 | 8.48 | 21.65 | 192.80 |
| 沈丘县 | 59.88 | 54.46 | 7.12 | 1.74 | 5.01 | 18.41 | 146.62 |
| 郸城县 | 72.40 | 50.31 | 7.77 | 1.55 | 28.96 | 22.43 | 183.42 |
| 淮阳县 | 75.33 | 49.26 | 24.23 | 3.38 | 29.11 | 26.03 | 207.34 |
| 太康县 | 95.33 | 66.67 | 9.23 | 0.60 | 25.90 | 27.80 | 225.53 |
| 鹿邑县 | 68.67 | 56.76 | 8.69 | 0.45 | 10.63 | 23.36 | 168.56 |
| 项城市 | 66.80 | 45.45 | 13.59 | 1.54 | 10.08 | 18.67 | 156.13 |
| 周口市 | 640.02 | 467.76 | 100.73 | 17.46 | 175.85 | 208.70 | 1610.52 |

2. 周口市各区域各农作物堆肥潜在需求量

根据第三章式（3-1）和表 3-1 各种作物的施肥原单位，以及表 5-95 周口市各农作物种植面积，计算出周口市各区域各农作物的堆肥年潜在需求量，计算结果如表 5-96 所示。

表 5-96　周口市各区域各农作物堆肥潜在需求量（2013 年）　单位：万吨/年

| 地区 | 夏收粮 | 秋收粮 | 油料类 | 果树 | 棉花 | 蔬菜类 | 合计 |
|---|---|---|---|---|---|---|---|
| 川汇区 | 8.95 | 8.57 | 1.45 | 0.98 | 1.13 | 14.42 | 35.50 |
| 扶沟县 | 58.00 | 22.95 | 9.51 | 2.22 | 53.97 | 36.88 | 183.53 |
| 西华县 | 63.33 | 35.10 | 15.91 | 11.34 | 31.43 | 49.40 | 206.51 |
| 商水县 | 71.33 | 78.23 | 18.27 | 1.86 | 12.72 | 43.30 | 225.71 |
| 沈丘县 | 59.88 | 54.46 | 10.68 | 3.48 | 7.52 | 36.82 | 172.84 |
| 郸城县 | 72.40 | 50.31 | 11.66 | 3.10 | 43.44 | 44.86 | 225.77 |
| 淮阳县 | 75.33 | 49.26 | 36.34 | 6.76 | 43.67 | 52.06 | 263.42 |
| 太康县 | 95.33 | 66.67 | 13.85 | 1.20 | 38.85 | 55.60 | 271.50 |
| 鹿邑县 | 68.67 | 56.76 | 13.04 | 0.90 | 15.93 | 46.72 | 202.02 |
| 项城市 | 66.80 | 45.45 | 20.39 | 3.08 | 15.12 | 37.34 | 188.18 |
| 周口市 | 640.02 | 467.76 | 151.10 | 34.92 | 263.78 | 417.40 | 1974.98 |

根据现场调查和依据当地的耕作习惯，按农作物品种及实际种植面积对各类农作物堆肥潜在需求量进行计算。周口市各区域各农作物堆肥潜在需求总量约 1974.98 万吨/年。其中潜在需求量最大的太康县约 271.50 万吨/年，占全周口市需肥总量的 13.75%，潜在需求量最小的川汇区约 35.50 万吨/年，仅占周口市需肥总量的 1.8%。秋收粮和夏收粮是周口市的主要农作物，堆肥潜在需求量合计 1107.78 万吨/年，占全周口市需肥总量的比例高达 56.09%。

## 三、周口市各区域农业有机废弃物堆肥潜在供给量的计算

1. 周口市各区域各畜禽粪便堆肥潜在供给量的计算

1）周口市各区域各畜禽的养殖量

根据《周口市统计年鉴》[84]，2013 年年末，周口市畜禽存栏总数 5566.40 万头（只、羽），各区域各种畜禽的存栏情况如表 5-97 所示。

表 5-97　周口市各区域各畜禽存栏数量　单位：万头（只、羽）

| 地区 | 猪 | 牛 | 马驴骡 | 家禽 | 羊 | 家兔 | 总计 |
|---|---|---|---|---|---|---|---|
| 川汇区 | 6.65 | 1.08 | 0.12 | 92.88 | 2.16 | 3.57 | 106.46 |
| 扶沟县 | 32.25 | 10.10 | 0.00 | 128.57 | 7.10 | 0.58 | 178.60 |
| 西华县 | 59.67 | 10.74 | 0.04 | 367.65 | 24.75 | 11.60 | 474.45 |

续表

| 地区 | 猪 | 牛 | 马驴骡 | 家禽 | 羊 | 家兔 | 总计 |
| --- | --- | --- | --- | --- | --- | --- | --- |
| 商水县 | 61.54 | 9.50 | 0.00 | 409.07 | 25.82 | 46.28 | 552.21 |
| 沈丘县 | 48.61 | 11.92 | 0.04 | 490.91 | 40.30 | 3.98 | 595.76 |
| 郸城县 | 43.97 | 6.22 | 0.06 | 494.06 | 28.95 | 0.91 | 574.17 |
| 淮阳县 | 54.54 | 12.31 | 0.63 | 752.79 | 50.31 | 60.99 | 931.57 |
| 太康县 | 66.38 | 14.18 | 0.00 | 789.77 | 43.35 | 0.00 | 913.68 |
| 鹿邑县 | 52.30 | 12.00 | 0.04 | 482.85 | 20.89 | 2.30 | 570.38 |
| 项城市 | 44.69 | 4.70 | 0.24 | 578.16 | 22.77 | 18.56 | 669.12 |
| 周口市 | 470.60 | 92.75 | 1.17 | 4586.71 | 266.40 | 148.77 | 5566.40 |

注：马、驴、骡养殖数量合计，表中简称“马驴骡”

周口市各种畜禽存栏中大牲畜，包括牛、马、驴、骡合计 93.92 万头，占全市畜禽存栏总数的 1.69%。猪 470.60 万头，占全市畜禽存栏总数的 8.45%。家禽 4586.71 万羽，占全市畜禽存栏总数的 82.4%。羊 266.40 万只，占全市畜禽存栏总数的 4.79%。家兔 148.77 万只，占全市畜禽存栏总数的 2.67%。从数量上来看，周口市以家禽饲养为主。周口市各区域中淮阳县各种畜禽存栏总数最高，占全市存栏总数的 16.74%。另外，太康县的存栏数约占全市的 16.41%，也占有较高的比例。

2）周口市各区域各畜禽粪便堆肥潜在供给量

根据第三章式（3-2）和表 3-2 各种畜禽粪便的发生原单位及堆肥率，以及表 5-97 周口市各畜禽的存栏数量，计算出周口市各区域各畜禽粪便堆肥的年潜在供给量，计算结果如表 5-98 所示。

**表 5-98　周口市各区域各畜禽粪便堆肥潜在供给量**（2013 年）　　单位：万吨/年

| 地区 | 猪 | 牛 | 马驴骡 | 家禽 | 羊 | 家兔 | 总计 |
| --- | --- | --- | --- | --- | --- | --- | --- |
| 川汇区 | 2.81 | 4.73 | 0.39 | 1.47 | 0.87 | 0.15 | 10.42 |
| 扶沟县 | 13.61 | 44.24 | 0.00 | 2.03 | 2.88 | 0.02 | 62.78 |
| 西华县 | 25.18 | 47.04 | 0.13 | 5.79 | 10.02 | 0.49 | 88.65 |
| 商水县 | 25.97 | 41.61 | 0.00 | 6.46 | 10.46 | 1.94 | 86.44 |
| 沈丘县 | 20.51 | 52.21 | 0.13 | 7.75 | 16.32 | 0.17 | 97.09 |
| 郸城县 | 18.56 | 27.24 | 0.20 | 7.80 | 11.72 | 0.04 | 65.56 |
| 淮阳县 | 23.01 | 53.92 | 2.07 | 11.88 | 20.38 | 2.56 | 113.82 |

续表

| 地区 | 猪 | 牛 | 马驴骡 | 家禽 | 羊 | 家兔 | 总计 |
|---|---|---|---|---|---|---|---|
| 太康县 | 28.01 | 62.11 | 0.00 | 12.46 | 17.56 | 0.00 | 120.14 |
| 鹿邑县 | 22.07 | 52.56 | 0.13 | 7.62 | 8.46 | 0.10 | 90.94 |
| 项城市 | 18.86 | 20.59 | 0.79 | 9.12 | 9.22 | 0.78 | 59.36 |
| 周口市 | 198.59 | 406.25 | 3.84 | 72.38 | 107.89 | 6.25 | 795.20 |

注：马、驴、骡粪便堆肥量合计，表中简称“马驴骡”

周口市各畜禽粪便堆肥的潜在供给总量约 795.20 万吨/年。各畜禽粪便堆肥潜在供给量最大的区域是太康县，堆肥潜在供给量约 120.14 万吨/年，占周口市各畜禽粪便年堆肥潜在供给总量的 15.11%。畜禽粪便堆肥潜在供给量最小的区域是川汇区，潜在供给量约 10.42 万吨/年，仅占周口市各畜禽粪便年堆肥潜在供给总量的 1.31%。各区域各畜禽粪便堆肥的潜在供给量存在较大的偏差。从以上表格也可看出，周口市的牛、猪粪便堆肥潜在供给量占据较大的比例，分别是 51.09%、24.97%。

2. 周口市各区域各农作物秸秆堆肥潜在供给量的计算

由于作物在收获期间秸秆基本处于干燥状态，符合堆肥含水量要求，因此可全量作为堆肥使用。根据第三章式（3-3）和表 3-3 各种农作物秸秆的产生系数谷草比和粮食产量[84]，计算各农作物秸秆的发生量。周口市各区域各农作物秸秆堆肥的潜在供给量计算结果如表 5-99 所示。

**表 5-99　周口市各区域各农作物秸秆堆肥潜在供给量**（2013 年）　单位：万吨/年

| 地区 | 小麦 | 玉米 | 豆类 | 油料类 | 棉花 | 花生 | 合计 |
|---|---|---|---|---|---|---|---|
| 川汇区 | 7.60 | 3.15 | 1.08 | 0.18 | 0.14 | 0.30 | 12.45 |
| 扶沟县 | 48.68 | 11.03 | 1.94 | 0.03 | 6.49 | 2.15 | 70.32 |
| 西华县 | 54.17 | 19.42 | 2.82 | 0.09 | 3.67 | 3.01 | 83.18 |
| 商水县 | 64.09 | 50.41 | 8.24 | 1.02 | 1.41 | 1.77 | 126.94 |
| 沈丘县 | 53.94 | 27.36 | 3.42 | 0.84 | 1.73 | 0.48 | 87.77 |
| 郸城县 | 65.16 | 26.59 | 4.26 | 2.01 | 4.93 | 1.06 | 104.01 |
| 淮阳县 | 67.81 | 22.47 | 5.20 | 1.14 | 4.93 | 8.38 | 109.93 |
| 太康县 | 83.70 | 36.23 | 7.26 | 0.39 | 4.53 | 2.00 | 134.11 |
| 鹿邑县 | 58.75 | 36.34 | 10.02 | 3.30 | 1.90 | 0.65 | 110.96 |
| 项城市 | 56.32 | 21.73 | 8.03 | 1.74 | 1.96 | 0.43 | 90.21 |
| 周口市 | 560.22 | 254.73 | 52.27 | 10.74 | 31.69 | 20.23 | 929.88 |

周口市各种秸秆堆肥的潜在供给总量约 929.88 万吨/年，其中小麦和玉米秸秆堆肥潜在供给量，分别占全市各种秸秆堆肥潜在供给量的 60.25%和 27.39%。各区域中秸秆堆肥潜在供给量最大的是太康县，秸秆潜在供给量约 134.11 万吨/年，占周口市各秸秆年堆肥潜在供给总量的 14.42%。秸秆堆肥潜在供给量最小的区域是川汇区，秸秆潜在供给量约 12.45 万吨/年，仅占周口市各秸秆年堆肥潜在供给总量的 1.33%。

## 四、周口市各区域农业有机废弃物堆肥需求供给平衡分析

周口市堆肥潜在需求总量约 1974.98 万吨/年，各农业有机废弃物（畜禽粪便和秸秆）堆肥的潜在供给总量约 1725.08 万吨/年，周口市各区域农业有机废弃物堆肥的需供比（潜在需求量/潜在供给量）如表 5-100 所示。根据以上数据计算出周口市整体需供比约 1.14。需供比超过 1.0 的情况说明潜在需求量高于潜在供给量，理论上农业有机废弃物全量可以被该地区的农业生产所利用。各区域中，堆肥明显供不应求的地区是川汇区，需供比约为 1.55，该地区有蔬菜类作物及少量的粮食作物种植，但是堆肥供给量较小而造成此结果。扶沟县、郸城县、项城市和西华县需供比分别为 1.38、1.33、1.26 和 1.20，需求量大于供给量也呈现较为严重的堆肥供不应求的局面。沈丘县需供比约 0.93，潜在需求量略小于潜在供给量，商水县、太康县、淮阳县需供比分别为 1.06、1.07、1.18，潜在需求量略大于潜在供给量，但以上 4 区域堆肥需求供给基本处于平衡状态。另外，鹿邑县需供比为 1.0，堆肥需求量等于供给量完全处于需求供给平衡状态。

**表 5-100　周口市各区域农业有机废弃物堆肥需供比**

| 地区 | 潜在需求量/（万吨/年） | 潜在供给量/（万吨/年） | 需供比 |
| --- | --- | --- | --- |
| 川汇区 | 35.50 | 22.87 | 1.55 |
| 扶沟县 | 183.53 | 133.10 | 1.38 |
| 西华县 | 206.51 | 171.83 | 1.20 |
| 商水县 | 225.71 | 213.38 | 1.06 |
| 沈丘县 | 172.84 | 184.86 | 0.93 |
| 郸城县 | 225.77 | 169.57 | 1.33 |
| 淮阳县 | 263.42 | 223.75 | 1.18 |
| 太康县 | 271.50 | 254.25 | 1.07 |
| 鹿邑县 | 202.02 | 201.90 | 1.00 |
| 项城市 | 188.18 | 149.57 | 1.26 |
| 周口市 | 1974.98 | 1725.08 | 1.14 |

## 五、结论

本节以周口市行政区域内的 1 区 1 市 8 县为对象，分别对以上各区域内的农作物对堆肥的潜在需求量及对各农业有机废弃物转换为堆肥的潜在供给量进行计算，对堆肥的需求和供给平衡进行定量分析，结果如下所示。

（1）研究对象周口市全体农业有机废弃物堆肥潜在需求量和潜在供给量的总需供比约 1.14。需求量略大于供给量，该地区的农业有机废弃物全量可以被该地区的农业生产所利用。

（2）周口市各区域中川汇区、扶沟县、郸城县、项城市和西华县，需求量大于供给量，呈现较为严重的堆肥供不应求的局面。沈丘县、商水县、太康县和淮阳县小区域内堆肥需求供给基本处于平衡状态。鹿邑县堆肥需求量等于供给量完全处于需求供给平衡状态。

（3）周口市各畜禽粪便堆肥的潜在供给量约 795.20 万吨/年，占堆肥潜在供给总量的 46.1%，各种秸秆堆肥的潜在供给量约 929.88 万吨/年，占堆肥潜在供给总量的 53.90%，畜禽粪便由来的堆肥潜在供给量略少于秸秆由来的堆肥潜在供给量。

# 第十七节　驻 马 店 市

## 一、驻马店市地理位置和农业概况

### 1. 驻马店市地理位置

驻马店市位于河南省的中南部，东与安徽省阜阳市接壤，西与南阳市相连，北与漯河市、周口市、平顶山市为界，南临信阳市，隶属淮河上游的丘陵平原地区。驻马店市地处北纬 32°18′～33°35′、东经 113°10′～115°12′之间，东西长 191.5 千米，南北宽 137.5 千米，总面积 15083 平方千米，占全省总面积 8.9%。驻马店市行政区域有驿城区、汝南县、平舆县、新蔡县、上蔡县、西平县、遂平县、确山县、正阳县、泌阳县，由 1 区 9 县组成（以下简称各区域）。

### 2. 驻马店市农业概况

驻马店市地处北亚热带与暖温带的过渡地带，具有亚热带与暖温带的双重气候特征，是典型的大陆性季风型半湿润气候。气候温和，雨量充沛，光照充足。年平均气温在 14.9～15 摄氏度之间，年平均降雨量为 850～960 毫米。西部为浅山丘陵，东部为广阔平原。驻马店市2013年全年农作物总播种面积1635.53千公顷，是国家和河南省重要的粮油与肉类生产基地。粮食生产以小麦和玉米为主，油料生产以花生和芝麻为主，畜牧业以生猪、肉牛和家禽养殖为主，同时，还种植一定面积的水稻、大豆、红薯、棉花、食用菌、蔬菜、茶叶等，农业资源的多样性，构成了典型的农业大市明显特征。

## 二、驻马店各区域堆肥潜在需求量的计算

1. 驻马店市各区域各农作物种植面积

根据文献[85]和对驻马店市的现场调查，统计出驻马店市2013年全年各农作物种植面积如表5-101所示。

**表5-101 驻马店市各区域各农作物种植面积（2013年）** 单位：千公顷

| 地区 | 夏收粮 | 秋收粮 | 油料类 | 果蔬类 | 棉花 | 其他 | 总计 |
|---|---|---|---|---|---|---|---|
| 驿城区 | 39.79 | 36.15 | 15.14 | 9.63 | 0.11 | 0.18 | 101.00 |
| 西平县 | 65.61 | 67.54 | 16.53 | 13.26 | 0.07 | 0.45 | 163.46 |
| 上蔡县 | 85.83 | 74.97 | 17.97 | 17.61 | 1.27 | 0.77 | 198.42 |
| 平舆县 | 68.91 | 49.58 | 28.11 | 18.35 | 0.39 | 0.00 | 165.34 |
| 正阳县 | 101.63 | 38.86 | 82.38 | 12.13 | 0.79 | 1.24 | 237.03 |
| 确山县 | 49.61 | 46.95 | 16.54 | 8.68 | 0.08 | 1.96 | 123.82 |
| 泌阳县 | 57.71 | 47.18 | 39.14 | 8.67 | 3.29 | 4.52 | 160.51 |
| 汝南县 | 70.61 | 42.51 | 35.53 | 19.32 | 0.84 | 0.11 | 168.92 |
| 遂平县 | 48.02 | 49.34 | 15.20 | 11.15 | 0.09 | 0.38 | 124.18 |
| 新蔡县 | 80.36 | 52.95 | 26.82 | 24.66 | 6.90 | 1.16 | 192.85 |
| 驻马店市 | 668.08 | 506.03 | 293.36 | 143.46 | 13.83 | 10.77 | 1635.53 |

驻马店市主要农作物夏收粮种植面积最高，约668.08千公顷，占全市总体耕种面积的40.85%，其次是秋收粮种植面积约506.03千公顷，占全市总体耕种面积的30.94%。驻马店市总体耕种面积约1635.53千公顷，各区域中种植面积最多的是正阳县，约237.03千公顷，占驻马店市总体耕种面积的14.49%。

2. 驻马店市各区域各农作物堆肥潜在需求量

根据第三章式（3-1）和表3-1各种作物的施肥原单位，以及表5-101驻马店市各农作物种植面积，计算出驻马店市各区域各农作物的堆肥年潜在需求量，计

算结果如表 5-102 所示。

**表 5-102 驻马店市各区域各农作物堆肥潜在需求量**（2013 年） 单位：万吨/年

| 地区 | 夏收粮 | 秋收粮 | 油料类 | 果蔬类 | 棉花 | 其他 | 总计 |
|---|---|---|---|---|---|---|---|
| 驿城区 | 39.79 | 36.15 | 22.71 | 19.26 | 0.17 | 0.36 | 118.44 |
| 西平县 | 65.61 | 67.54 | 24.79 | 26.52 | 0.11 | 0.90 | 185.47 |
| 上蔡县 | 85.83 | 74.97 | 26.95 | 35.22 | 1.91 | 1.54 | 226.42 |
| 平舆县 | 68.91 | 49.58 | 42.17 | 36.70 | 0.58 | 0.00 | 197.94 |
| 正阳县 | 101.63 | 38.86 | 123.57 | 24.26 | 1.19 | 2.48 | 291.99 |
| 确山县 | 49.61 | 46.95 | 24.81 | 17.36 | 0.12 | 3.92 | 142.77 |
| 泌阳县 | 57.71 | 47.18 | 58.71 | 17.34 | 4.92 | 9.04 | 194.90 |
| 汝南县 | 70.61 | 42.51 | 53.30 | 38.64 | 1.26 | 0.22 | 206.54 |
| 遂平县 | 48.02 | 49.34 | 22.80 | 22.30 | 0.14 | 0.76 | 143.36 |
| 新蔡县 | 80.36 | 52.95 | 40.23 | 49.32 | 10.35 | 2.32 | 235.53 |
| 驻马店市 | 668.08 | 506.03 | 440.04 | 286.92 | 20.75 | 21.54 | 1943.36 |

根据现场调查和依据当地的耕作习惯，按农作物品种及实际种植面积对各类农作物堆肥潜在需求量进行计算。驻马店市各区域各农作物堆肥潜在需求总量约 1943.36 万吨/年。其中潜在需求量最大的正阳县约 291.99 万吨/年，占驻马店市需肥总量的 15.03%，潜在需求量最小的驿城区约 118.44 万吨/年，占驻马店市需肥总量的 6.09%。秋收粮和夏收粮是驻马店市的主要农作物，堆肥潜在需求量合计 1174.11 万吨/年，占驻马店市需肥总量的比例高达 60.42%。

## 三、驻马店各区域农业有机废弃物堆肥潜在供给量的计算

1. 驻马店市各区域各畜禽粪便堆肥潜在供给量的计算

1）驻马店市各区域各畜禽的养殖量

根据《驻马店市统计年鉴》[85]，2013 年年末，驻马店市畜禽存栏总数 7820.27 万头（只、羽），各区域各种畜禽的存栏情况如表 5-103 所示。

**表 5-103 驻马店市各区域各畜禽存栏数量** 单位：万头（只、羽）

| 地区 | 繁殖猪 | 育肥猪 | 肉牛 | 奶牛 | 黄牛 | 马驴骡 | 羊 | 家兔 | 家禽 | 总计 |
|---|---|---|---|---|---|---|---|---|---|---|
| 驿城区 | 3.37 | 32.11 | 4.18 | 0.57 | 0.81 | 0.54 | 10.33 | 5.47 | 326.28 | 383.66 |
| 西平县 | 9.03 | 80.08 | 1.75 | 0.05 | 0.01 | 0.40 | 12.20 | 310.89 | 835.13 | 1249.54 |

续表

| 地区 | 繁殖猪 | 育肥猪 | 肉牛 | 奶牛 | 黄牛 | 马驴骡 | 羊 | 家兔 | 家禽 | 总计 |
|---|---|---|---|---|---|---|---|---|---|---|
| 上蔡县 | 6.22 | 61.48 | 4.86 | 0.11 | 0.00 | 0.10 | 11.90 | 23.46 | 832.92 | 941.05 |
| 平舆县 | 5.14 | 51.51 | 10.04 | 0.17 | 0.00 | 0.54 | 18.66 | 7.32 | 660.65 | 754.03 |
| 正阳县 | 12.32 | 93.46 | 2.46 | 0.13 | 0.01 | 0.09 | 10.94 | 6.00 | 445.95 | 571.36 |
| 确山县 | 6.28 | 52.55 | 22.89 | 0.15 | 0.04 | 0.01 | 22.23 | 10.68 | 516.36 | 631.19 |
| 泌阳县 | 3.41 | 37.79 | 30.49 | 0.16 | 8.70 | 3.33 | 28.47 | 33.73 | 373.82 | 519.90 |
| 汝南县 | 6.98 | 62.57 | 5.94 | 0.31 | 0.01 | 0.00 | 25.61 | 7.76 | 451.10 | 560.28 |
| 遂平县 | 6.83 | 58.91 | 7.13 | 0.09 | 0.13 | 0.12 | 19.19 | 5.74 | 656.78 | 754.92 |
| 新蔡县 | 6.84 | 63.86 | 29.49 | 0.33 | 0.00 | 2.44 | 29.10 | 239.80 | 1082.51 | 1454.37 |
| 驻马店市 | 66.42 | 594.32 | 119.23 | 2.07 | 9.71 | 7.57 | 188.63 | 650.85 | 6181.50 | 7820.30 |

注：马、驴、骡养殖数量合计，表中简称“马驴骡”

驻马店市畜禽存栏中大牲畜，包括肉牛、奶牛、黄牛、马、驴、骡合计 138.58 万头，占全市畜禽存栏总数的 1.77%。繁殖猪和育肥猪共计 660.74 万头，占全市畜禽存栏总数的 8.45%。家禽 6181.50 万羽，占全市畜禽存栏总数的 79.04%。羊 188.63 万只，占全市畜禽存栏总数的 2.41%。家兔 650.85 万只，占全市畜禽存栏总数的 8.32%。从数量上来看，驻马店市以家禽饲养为主。驻马店市各区域中新蔡县各种畜禽存栏总数最高，占全市的 18.60%。另外，西平县的存栏总数约占驻马店市总体的 15.98%，也占有较高的比例。

2）驻马店市各区域各畜禽粪便堆肥潜在供给量

根据第三章式（3-2）和表 3-2 各种畜禽粪便的发生原单位及堆肥率，以及表 5-103 驻马店市各畜禽的存栏数量，计算出驻马店市各区域各畜禽粪便堆肥的年潜在供给量，计算结果如表 5-104 所示。

**表 5-104 驻马店市各区域各畜禽粪便堆肥潜在供给量**（2013 年） 单位：万吨/年

| 地区 | 繁殖猪 | 育肥猪 | 肉牛 | 奶牛 | 黄牛 | 马驴骡 | 羊 | 家兔 | 家禽 | 总计 |
|---|---|---|---|---|---|---|---|---|---|---|
| 驿城区 | 1.62 | 9.84 | 10.99 | 3.79 | 2.11 | 0.82 | 4.75 | 0.16 | 11.43 | 45.51 |
| 西平县 | 4.35 | 24.55 | 4.60 | 0.33 | 0.03 | 0.61 | 5.61 | 8.85 | 29.26 | 78.19 |
| 上蔡县 | 3.00 | 18.85 | 12.77 | 0.73 | 0.00 | 0.16 | 5.47 | 0.67 | 29.19 | 70.84 |
| 平舆县 | 2.48 | 15.79 | 26.39 | 1.13 | 0.00 | 0.85 | 8.58 | 0.21 | 23.15 | 78.58 |
| 正阳县 | 5.93 | 28.65 | 6.46 | 0.86 | 0.03 | 0.14 | 5.03 | 0.17 | 15.63 | 62.90 |
| 确山县 | 3.02 | 16.11 | 60.15 | 1.00 | 0.10 | 0.02 | 10.22 | 0.30 | 18.09 | 109.01 |

续表

| 地区 | 繁殖猪 | 育肥猪 | 肉牛 | 奶牛 | 黄牛 | 马驴骡 | 羊 | 家兔 | 家禽 | 总计 |
|---|---|---|---|---|---|---|---|---|---|---|
| 泌阳县 | 1.64 | 11.59 | 80.13 | 1.06 | 22.61 | 5.22 | 13.09 | 0.96 | 13.10 | 149.40 |
| 汝南县 | 3.36 | 19.18 | 15.61 | 2.06 | 0.03 | 0.00 | 11.78 | 0.22 | 15.81 | 68.05 |
| 遂平县 | 3.29 | 18.06 | 18.74 | 0.60 | 0.34 | 0.21 | 8.83 | 0.16 | 23.01 | 73.24 |
| 新蔡县 | 3.29 | 19.58 | 77.50 | 2.19 | 0.00 | 4.09 | 13.38 | 6.83 | 37.93 | 164.79 |
| 驻马店市 | 31.98 | 182.20 | 313.34 | 13.75 | 25.25 | 12.12 | 86.74 | 18.53 | 216.60 | 900.51 |

注：马、驴、骡粪便堆肥量合计，表中简称"马驴骡"

驻马店市各畜禽粪便堆肥的潜在供给总量约 900.51 万吨/年。堆肥潜在供给量最大的区域是新蔡县，堆肥潜在供给量约 164.79 万吨/年，占全市各畜禽粪便年堆肥潜在供给总量的 18.30%。畜禽粪便堆肥潜在供给量最小的区域是驿城区，潜在供给量约 45.51 万吨/年，占全市各畜禽粪便年堆肥潜在供给总量的 5.05%。从表 5-104 中也可看出，驻马店市的牛、家禽、猪粪便堆肥的潜在供给量占据较高的比例，分别是 39.12%、24.05%、23.78%。

2. 驻马店市各区域各农作物秸秆堆肥潜在供给量的计算

由于作物在收获期间秸秆基本处于干燥状态，符合堆肥含水量要求，因此可全量作为堆肥使用。根据第三章式（3-3）和表 3-3 各种农作物秸秆的产生系数谷草比和粮食产量[85]，计算各农作物秸秆的发生量。驻马店市各区域各农作物秸秆堆肥的潜在供给量计算结果如表 5-105 所示。

**表 5-105　驻马店市各区域各农作物秸秆堆肥潜在供给量**（2013 年）单位：万吨/年

| 地区 | 稻谷 | 小麦 | 玉米 | 豆类 | 棉花 | 薯类 | 花生 | 油料类 | 总计 |
|---|---|---|---|---|---|---|---|---|---|
| 驿城区 | 17.60 | 28.46 | 22.24 | 0.46 | 0.01 | 0.22 | 2.70 | 1.85 | 73.54 |
| 西平县 | 0.00 | 54.68 | 54.84 | 0.09 | 0.01 | 0.05 | 4.10 | 3.60 | 117.37 |
| 上蔡县 | 0.00 | 70.55 | 45.71 | 2.68 | 0.18 | 0.82 | 1.82 | 1.83 | 123.59 |
| 平舆县 | 0.00 | 55.47 | 3.08 | 2.24 | 0.06 | 0.75 | 2.15 | 2.61 | 66.36 |
| 正阳县 | 9.36 | 69.51 | 13.28 | 0.79 | 0.12 | 0.30 | 25.40 | 2.17 | 120.93 |
| 确山县 | 3.38 | 35.69 | 27.48 | 0.19 | 0.01 | 0.39 | 4.01 | 1.15 | 72.30 |
| 泌阳县 | 1.80 | 38.35 | 22.44 | 1.21 | 0.44 | 2.12 | 6.47 | 4.32 | 77.15 |
| 汝南县 | 0.85 | 54.98 | 25.85 | 1.02 | 0.18 | 0.45 | 10.93 | 1.29 | 95.55 |
| 遂平县 | 0.00 | 38.50 | 31.59 | 1.00 | 0.02 | 0.52 | 2.44 | 2.56 | 76.63 |
| 新蔡县 | 4.03 | 60.49 | 26.84 | 0.76 | 1.33 | 0.81 | 5.84 | 1.14 | 101.24 |
| 驻马店市 | 37.02 | 506.68 | 273.35 | 10.44 | 2.36 | 6.43 | 65.86 | 22.52 | 924.66 |

驻马店市各种秸秆堆肥的潜在供给总量约 924.66 万吨/年，其中小麦和玉米秸秆堆肥分别占全市各种秸秆堆肥潜在供给总量的 54.80%和 29.56%。各区域中秸秆堆肥的潜在供给量最大的是正阳县，秸秆潜在供给量约 120.93 万吨/年，占全市各秸秆年堆肥潜在供给总量的 13.08%。秸秆堆肥潜在供给量最小的区域是平舆县，秸秆潜在供给量约 66.36 万吨/年，占驻马店市各秸秆年堆肥潜在供给总量的 7.18%。

## 四、驻马店市各区域农业有机废弃物堆肥需求供给平衡分析

驻马店市堆肥潜在需求总量约 1943.36 万吨/年，各农业有机废弃物（畜禽粪便和秸秆）堆肥的潜在供给总量约 1825.24 万吨/年，驻马店市各区域农业有机废弃物堆肥的需供比（潜在需求量/潜在供给量）如表 5-106 所示。

**表 5-106　驻马店市各区域各农业有机废弃物堆肥需供比**

| 地区 | 潜在需求量/（万吨/年） | 潜在供给量/（万吨/年） | 需供比 |
|---|---|---|---|
| 驿城区 | 118.44 | 119.05 | 0.99 |
| 西平县 | 185.47 | 195.56 | 0.95 |
| 上蔡县 | 226.42 | 194.43 | 1.16 |
| 平舆县 | 197.94 | 144.94 | 1.37 |
| 正阳县 | 291.99 | 183.83 | 1.59 |
| 确山县 | 142.77 | 181.31 | 0.79 |
| 泌阳县 | 194.90 | 226.55 | 0.86 |
| 汝南县 | 206.54 | 163.60 | 1.26 |
| 遂平县 | 143.36 | 149.87 | 0.96 |
| 新蔡县 | 235.53 | 266.03 | 0.89 |
| 驻马店市 | 1943.36 | 1825.17 | 1.06 |

根据以上数据计算出驻马店市整体需供比约 1.06。需供比超过 1.0 的情况说明潜在需求量高于潜在供给量，理论上农业有机废弃物全量可以被该地区的农业生产所利用。各区域中堆肥明显供不应求的是正阳县，需供比约为 1.59，该区域各农作物耕种面积和堆肥的潜在需求量在全市中最高，但各种畜禽的养殖数量较少，堆肥供给量较小而造成此结果。平舆县和汝南县需供比分别为 1.37 和 1.26，需求量大于供给量也呈现较为严重的堆肥供不应求的局面。确山县需供比约 0.79，

续表

| 地区 | 夏收粮 | 秋收粮 | 油料类 | 棉花 | 烟叶 | 蔬菜类 | 瓜类 | 果树类 | 总计 |
|---|---|---|---|---|---|---|---|---|---|
| 大峪镇 | 0.98 | 1.41 | 0.19 | 0.03 | 0.37 | 0.68 | 0.01 | 1.26 | 4.93 |
| 思礼镇 | 0.74 | 1.10 | 0.01 | 0.00 | 0.00 | 0.37 | 0.00 | 0.52 | 2.74 |
| 王屋镇 | 0.84 | 0.78 | 0.05 | 0.00 | 0.46 | 0.46 | 0.01 | 4.40 | 7.00 |
| 下冶镇 | 0.69 | 0.93 | 0.23 | 0.05 | 0.48 | 0.45 | 0.02 | 3.63 | 6.48 |
| 济源市 | 19.44 | 21.40 | 1.79 | 0.49 | 2.17 | 9.52 | 0.53 | 43.35 | 98.69 |

注：济水街道办、沁园街道办简称“济水沁园”

## 2. 济源市各区域各农作物堆肥潜在需求量

根据第三章式（3-1）和表3-1各种作物的施肥原单位，以及表5-107济源市各区域各农作物种植面积，计算出济源市各区域各农作物的堆肥年潜在需求量，计算结果如表5-108所示。

**表5-108　济源市各区域各农作物堆肥潜在需求量**（2013年）　　单位：万吨/年

| 地区 | 夏收粮 | 秋收粮 | 油料类 | 棉花 | 烟叶 | 蔬菜类 | 瓜类 | 果树类 | 总计 |
|---|---|---|---|---|---|---|---|---|---|
| 济水沁园 | 0.21 | 0.18 | 0.00 | 0.00 | 0.00 | 0.06 | 0.00 | 0.00 | 0.45 |
| 北海街道 | 0.17 | 0.17 | 0.00 | 0.00 | 0.00 | 0.15 | 0.00 | 0.00 | 0.49 |
| 天坛街道 | 0.19 | 0.21 | 0.00 | 0.00 | 0.00 | 0.43 | 0.00 | 0.49 | 1.32 |
| 玉泉街道 | 0.89 | 0.89 | 0.00 | 0.00 | 0.00 | 2.40 | 0.00 | 0.00 | 4.18 |
| 克井镇 | 2.72 | 3.05 | 0.03 | 0.14 | 0.00 | 1.67 | 0.05 | 7.01 | 14.67 |
| 五龙口镇 | 2.10 | 2.05 | 0.33 | 0.01 | 0.00 | 0.54 | 0.00 | 6.74 | 11.77 |
| 轵城镇 | 3.72 | 3.70 | 0.93 | 0.21 | 0.08 | 7.25 | 0.59 | 27.75 | 44.23 |
| 承留镇 | 1.85 | 1.85 | 0.15 | 0.04 | 0.00 | 0.93 | 0.26 | 5.72 | 10.80 |
| 邵原镇 | 1.21 | 1.27 | 0.19 | 0.05 | 1.64 | 0.43 | 0.00 | 12.09 | 16.88 |
| 坡头镇 | 1.13 | 1.28 | 0.25 | 0.02 | 0.00 | 0.28 | 0.01 | 0.42 | 3.39 |
| 梨林镇 | 2.01 | 2.53 | 0.07 | 0.14 | 0.00 | 0.97 | 0.06 | 6.86 | 12.64 |
| 大峪镇 | 0.98 | 1.41 | 0.29 | 0.05 | 0.74 | 1.36 | 0.02 | 2.53 | 7.38 |
| 思礼镇 | 0.74 | 1.10 | 0.02 | 0.00 | 0.00 | 0.73 | 0.00 | 1.05 | 3.64 |
| 王屋镇 | 0.83 | 0.80 | 0.07 | 0.00 | 0.93 | 0.92 | 0.02 | 8.80 | 12.37 |
| 下冶镇 | 0.69 | 0.93 | 0.34 | 0.08 | 0.97 | 0.89 | 0.02 | 7.26 | 11.18 |
| 济源市 | 19.44 | 21.42 | 2.67 | 0.74 | 4.36 | 19.01 | 1.03 | 86.72 | 155.39 |

注：济水街道办、沁园街道办简称“济水沁园”

根据现场调查和依据当地的耕作习惯，按农作物品种及实际种植面积对各类农作物堆肥潜在需求量进行计算。济源市各区域各农作物堆肥潜在需求总量约 155.39 万吨/年。其中潜在需求量最大的是轵城镇约 44.23 万吨/年，占济源市需肥总量的 28.46%，潜在需求量最小的是济水和沁园街道办，两区域合计约 0.45 万吨/年，仅占全市需肥总量的 0.29%。果树类作物是济源市的主要农作物，堆肥潜在需求量在各种作物中最高，约 86.72 万吨/年，占全市堆肥潜在需求量的 55.81%。秋收粮和夏收粮堆肥潜在需求量合计 40.86 万吨/年，占全市潜在需求量的 26.30%。

## 三、济源市各区域农业有机废弃物堆肥潜在供给量的计算

1. 济源市各区域各畜禽粪便堆肥潜在供给量的计算

1）济源市各区域各畜禽的养殖量

济源市的行政区域有 5 街道办 11 镇组成，由于济水街道办事处和沁园办事处辖区内各种畜禽养殖数量较少，在以下畜禽养殖数量统计和堆肥潜在供给量计算中，济水街道办事处和沁园办事处数据合计，并且统称为济水沁园街道办。根据《济源市统计年鉴》[86]，2013 年年末，济源市畜禽存栏总数 841.37 万头（只、羽），各区域各种畜禽的存栏情况如表 5-109 所示。其中大型牲畜牛 5.73 万头，占全市畜禽存栏总数的 0.68%。猪 60.13 万头，占全市畜禽存栏总数的 7.15%。羊 11.95 万只，占全市畜禽存栏总数的 1.42%。家禽 630.65 万羽，占全市畜禽存栏总数的 74.96%。家兔 132.88 万只，占全市畜禽存栏总数的 15.79%。从数量上来看，济源市家禽的养殖比例最高。济源市各区域中轵城镇各种畜禽存栏总数最多，占全市 18.58%。另外，梨林镇的存栏总数占全市的 17.69%，克井镇存栏总数约占全市的 12.16%，也占有较高的比例。

**表 5-109 济源市各区域各畜禽存栏数量** 单位：万头（只、羽）

| 地区 | 猪 | 牛 | 羊 | 家禽 | 家兔 | 合计 |
|---|---|---|---|---|---|---|
| 济水沁园 | 0.36 | 0.00 | 0.00 | 2.11 | 0.00 | 2.47 |
| 北海街道 | 0.65 | 0.07 | 0.05 | 6.32 | 0.00 | 7.09 |
| 天坛街道 | 0.38 | 0.00 | 0.00 | 3.69 | 0.00 | 4.07 |
| 玉泉街道 | 2.36 | 0.06 | 0.10 | 33.72 | 1.97 | 38.21 |
| 克井镇 | 11.20 | 0.57 | 1.51 | 76.92 | 12.11 | 102.31 |
| 五龙口镇 | 2.71 | 0.16 | 1.38 | 28.45 | 21.28 | 53.98 |

续表

| 地区 | 猪 | 牛 | 羊 | 家禽 | 家兔 | 合计 |
|---|---|---|---|---|---|---|
| 轵城镇 | 11.39 | 0.87 | 0.93 | 113.80 | 29.37 | 156.36 |
| 承留镇 | 6.82 | 0.56 | 1.60 | 51.63 | 1.11 | 61.72 |
| 邵原镇 | 3.12 | 0.48 | 1.29 | 65.33 | 0.00 | 70.22 |
| 坡头镇 | 3.13 | 0.45 | 1.36 | 29.50 | 17.64 | 52.08 |
| 梨林镇 | 6.75 | 0.48 | 0.57 | 91.68 | 49.36 | 148.84 |
| 大峪镇 | 2.53 | 0.45 | 0.18 | 28.98 | 0.04 | 32.18 |
| 思礼镇 | 2.86 | 0.13 | 0.52 | 33.19 | 0.00 | 36.70 |
| 王屋镇 | 2.45 | 0.88 | 1.29 | 25.29 | 0.00 | 29.91 |
| 下冶镇 | 3.42 | 0.57 | 1.17 | 40.04 | 0.00 | 45.20 |
| 济源市 | 60.13 | 5.73 | 11.95 | 630.65 | 132.88 | 841.34 |

注：济水街道办、沁园街道办简称“济水沁园”

2）济源市各区域各畜禽粪便堆肥潜在供给量

根据第三章式（3-2）和表 3-2 各种畜禽粪便的发生原单位及堆肥率，以及表 5-109 济源市各畜禽的存栏数量，计算出济源市各区域各畜禽粪便堆肥的年潜在供给量，计算结果如表 5-110 所示。

**表 5-110　济源市各区域各畜禽粪便堆肥潜在供给量**（2013 年）　单位：万吨/年

| 地区 | 猪 | 牛 | 羊 | 家禽 | 家兔 | 合计 |
|---|---|---|---|---|---|---|
| 济水沁园 | 0.21 | 0.01 | 0.00 | 0.04 | 0.00 | 0.26 |
| 北海街道 | 0.38 | 0.19 | 0.02 | 0.12 | 0.00 | 0.71 |
| 天坛街道 | 0.22 | 0.01 | 0.00 | 0.07 | 0.00 | 0.30 |
| 玉泉街道 | 1.38 | 0.17 | 0.03 | 0.64 | 0.05 | 2.27 |
| 克井镇 | 6.54 | 1.53 | 0.49 | 1.46 | 0.28 | 10.30 |
| 五龙口镇 | 1.58 | 0.42 | 0.44 | 0.54 | 0.50 | 3.48 |
| 轵城镇 | 6.65 | 2.30 | 0.30 | 2.16 | 0.69 | 12.10 |
| 承留镇 | 3.98 | 1.46 | 0.51 | 0.98 | 0.03 | 6.96 |
| 邵原镇 | 1.82 | 1.26 | 0.41 | 1.24 | 0.00 | 4.73 |
| 坡头镇 | 1.83 | 1.19 | 0.44 | 0.56 | 0.41 | 4.43 |
| 梨林镇 | 3.94 | 1.27 | 0.18 | 1.74 | 1.15 | 8.28 |
| 大峪镇 | 1.48 | 1.21 | 0.07 | 0.55 | 0.00 | 3.31 |

续表

| 地区 | 猪 | 牛 | 羊 | 家禽 | 家兔 | 合计 |
|---|---|---|---|---|---|---|
| 思礼镇 | 1.67 | 0.33 | 0.17 | 0.63 | 0.00 | 2.80 |
| 王屋镇 | 1.43 | 2.33 | 0.43 | 0.48 | 0.00 | 4.67 |
| 下冶镇 | 2.00 | 1.55 | 0.39 | 0.76 | 0.00 | 4.70 |
| 济源市 | 35.11 | 15.23 | 3.88 | 11.97 | 3.11 | 69.30 |

注：济水街道办、沁园街道办简称“济水沁园”

济源市各畜禽粪便堆肥的潜在供给总量约 69.30 万吨/年。各畜禽粪便堆肥潜在供给量最大的区域是轵城镇，堆肥潜在供给量约 12.10 万吨/年，占全市各畜禽粪便年堆肥潜在供给总量的 17.46%。畜禽粪便堆肥潜在供给量最小的区域是济水·沁园街道办，潜在供给量约 0.26 万吨，仅占全市各畜禽粪便年堆肥潜在供给总量的 0.38%，各区域各畜禽粪便堆肥的潜在供给量存在较大的偏差。从表 5-110 也可看出，济源市的猪、牛、家禽粪便堆肥潜在供给量占据较大的比例，分别是 50.66%、21.98%、17.27%。

2. 济源市各区域各农作物秸秆堆肥潜在供给量的计算

济源市的行政区域有 5 街道办 11 镇组成，由于济水街道办事处和沁园办事处辖区内各农作物种植面积较小，秸秆发生量也较少。在以下各农作物秸秆堆肥潜在供给量计算中，济水街道办事处和沁园办事处数据合计，并且统称为济水沁园街道办。由于作物在收获期间秸秆基本处于干燥状态，符合堆肥含水量要求，因此可全量作为堆肥使用。根据第三章式（3-3）和表 3-3 各种农作物秸秆的产生系数谷草比和粮食产量[86]，计算各农作物秸秆的发生量。济源市各区域各农作物秸秆堆肥的潜在供给量计算结果如表 5-111 所示。

**表 5-111 济源市各区域各农作物秸秆堆肥潜在供给量**（2013 年） 单位：万吨/年

| 地区 | 小麦 | 玉米 | 豆类 | 红薯 | 花生 | 油料类 | 芝麻 | 棉花 | 烟叶 | 总计 |
|---|---|---|---|---|---|---|---|---|---|---|
| 济水沁园 | 0.15 | 0.17 | 0.00 | 0.00 | 0.00 | 0.00 | 0.00 | 0.00 | 0.00 | 0.32 |
| 北海街道 | 0.13 | 0.12 | 0.00 | 0.00 | 0.00 | 0.00 | 0.00 | 0.00 | 0.00 | 0.25 |
| 天坛街道 | 0.15 | 1.48 | 0.00 | 0.00 | 0.00 | 0.00 | 0.00 | 0.00 | 0.00 | 1.63 |
| 玉泉街道 | 0.68 | 0.81 | 0.03 | 0.00 | 0.00 | 0.00 | 0.00 | 0.00 | 0.00 | 1.52 |
| 克井镇 | 1.74 | 1.65 | 0.04 | 0.02 | 0.00 | 0.00 | 0.00 | 0.01 | 0.00 | 3.46 |
| 五龙口镇 | 1.40 | 1.15 | 0.12 | 0.00 | 0.04 | 0.00 | 0.00 | 0.00 | 0.00 | 2.71 |
| 轵城镇 | 2.51 | 2.21 | 0.06 | 0.08 | 0.05 | 0.02 | 0.01 | 0.04 | 0.01 | 4.99 |

续表

| 地区 | 小麦 | 玉米 | 豆类 | 红薯 | 花生 | 油料类 | 芝麻 | 棉花 | 烟叶 | 总计 |
|---|---|---|---|---|---|---|---|---|---|---|
| 承留镇 | 1.24 | 1.06 | 0.02 | 0.01 | 0.01 | 0.00 | 0.00 | 0.01 | 0.00 | 2.35 |
| 邵原镇 | 0.44 | 0.65 | 0.04 | 0.03 | 0.01 | 0.01 | 0.01 | 0.02 | 0.31 | 1.52 |
| 坡头镇 | 0.50 | 0.63 | 0.00 | 0.04 | 0.03 | 0.00 | 0.00 | 0.00 | 0.00 | 1.20 |
| 梨林镇 | 1.46 | 1.71 | 0.06 | 0.01 | 0.01 | 0.00 | 0.00 | 0.03 | 0.00 | 3.28 |
| 大峪镇 | 0.36 | 0.59 | 0.01 | 0.02 | 0.02 | 0.01 | 0.00 | 0.00 | 0.10 | 1.11 |
| 思礼镇 | 0.47 | 0.76 | 0.03 | 0.00 | 0.00 | 0.00 | 0.00 | 0.00 | 0.00 | 1.26 |
| 王屋镇 | 0.31 | 0.31 | 0.02 | 0.03 | 0.00 | 0.00 | 0.00 | 0.00 | 0.14 | 0.81 |
| 下冶镇 | 0.25 | 0.29 | 0.03 | 0.04 | 0.01 | 0.04 | 0.00 | 0.02 | 0.11 | 0.79 |
| 济源市 | 11.79 | 13.59 | 0.46 | 0.28 | 0.18 | 0.08 | 0.02 | 0.13 | 0.67 | 27.20 |

注：济水街道办、沁园街道办简称“济水沁园”

济源市各种秸秆堆肥的潜在供给总量约 27.20 万吨/年，其中小麦和玉米秸秆分别占济源市各种秸秆堆肥潜在供给总量的 43.35%和 49.96%。各区域中秸秆堆肥潜在供给量最大的是轵城镇，占全市各秸秆年堆肥潜在供给总量的 18.35%。秸秆堆肥潜在供给量最小的区域是北海街道办，秸秆潜在供给量约 0.25 万吨/年，仅占全市各秸秆年堆肥潜在供给总量的 0.92%。济源市各区域各秸秆堆肥的年潜在供给量存在较大的偏差。

## 四、济源市各区域农业有机废弃物堆肥需求供给平衡分析

济源市堆肥潜在需求总量约 155.39 万吨/年，各农业有机废弃物（畜禽粪便和秸秆）堆肥的潜在供给总量约 96.50 万吨/年，济源市各区域农业有机废弃物堆肥的需供比（潜在需求量/潜在供给量）如表 5-112 所示。根据以上数据计算出济源市整体需供比约 1.61。需供比超过 1.0 的情况说明潜在需求量高于潜在供给量，理论上农业有机废弃物全量可以被该地区的农业生产所利用。各区域中北海街道办、坡头镇、天坛、济水沁园街道办的需供比分别为 0.51、0.60、0.68 和 0.78，种植面积较小没有充足的潜在需求量，是以上各区域造成此结果的主要原因。需求量较大的区域有邵原镇、轵城镇、王屋镇和下冶镇，堆肥需供比分别为 2.70、2.59、2.26 和 2.04，均呈现严重供不应求的局面。五龙口镇和大峪镇堆肥需供比分别约为 1.90 和 1.67，需求量也远大于供给量。另外，克井镇、梨林镇、玉泉街道、承留镇和思礼镇基本实现小区域内堆肥需求供给平衡状态。

堆肥需供比较小的区域，主要是地处市区周边种植面积较小，但拥有一定的养殖业数量，因此堆肥的潜在供给量大于需求量而造成此结果。需供比较大的区域果树种植业较为发达，堆肥潜在需求量较大是主要原因。另外，这些地区养殖数量较少堆肥的潜在供给量较小也是主要原因之一。以上各原因造成济源市堆肥需求供给处于严重不平衡状态，并且各区域的堆肥需供比呈现较大的偏差。

**表 5-112　济源市各区域农业有机废弃物堆肥需供比**

| 地区 | 潜在需求量/（万吨/年） | 潜在供给量/（万吨/年） | 需供比 |
|---|---|---|---|
| 济水沁园 | 0.45 | 0.58 | 0.78 |
| 北海街道 | 0.49 | 0.96 | 0.51 |
| 天坛街道 | 1.32 | 1.93 | 0.68 |
| 玉泉街道 | 4.18 | 3.79 | 1.10 |
| 克井镇 | 14.67 | 13.76 | 1.07 |
| 五龙口镇 | 11.77 | 6.19 | 1.90 |
| 轵城镇 | 44.23 | 17.09 | 2.59 |
| 承留镇 | 10.80 | 9.31 | 1.16 |
| 邵原镇 | 16.88 | 6.25 | 2.70 |
| 坡头镇 | 3.39 | 5.63 | 0.60 |
| 梨林镇 | 12.64 | 11.56 | 1.09 |
| 大峪镇 | 7.38 | 4.39 | 1.67 |
| 思礼镇 | 3.64 | 4.06 | 0.90 |
| 王屋镇 | 12.37 | 5.48 | 2.26 |
| 下冶镇 | 11.18 | 5.49 | 2.04 |
| 济源市 | 155.39 | 96.50 | 1.61 |

## 五、结论

本节以济源市行政区域内的 5 街道办事处 11 镇为对象，分别对以上各区域内的农作物对堆肥的潜在需求量及对各农业有机废弃物转换为堆肥的潜在供给量进行计算，对堆肥的需求和供给平衡进行定量分析，结果如下所示。

（1）研究对象济源市全体农业有机废弃物堆肥潜在需求量和潜在量的总需供比约 1.61，需求量大于供给量，该地区的农业有机废弃物全量可以被该地区农业所利用。

（2）济源市的 5 街道办事处 11 镇仅有 5 区域堆肥需求供给基本平衡，其余区域，或需求量远大于供给量，或供给量远大于需求量，各区域的堆肥需供比存在较大的偏差。

（3）济源市各畜禽粪便堆肥的潜在供给量约 69.30 万吨/年，占堆肥潜在供给总量的 71.81%，各种秸秆堆肥的潜在供给量约 27.20 万吨/年，占堆肥潜在供给总量的 28.19%，畜禽粪便由来的堆肥潜在供给量和秸秆由来的堆肥潜在供给量处于严重不平衡状态。

## 第十九节　本 章 总 结

为促进农业有机废弃物堆肥的效率化利用，以地区为单位的农业有机废弃物堆肥的潜在需求量及各种农业有机废弃物转化为堆肥潜在供给量的计算定式化，对区域性农业有机废弃物堆肥的需求供给平衡分析模式化。本章以河南省为研究对象，假定河南省行政区域内的 17 个地级市和 1 个省直辖市（以下简称各区域）的农业有机废弃物进行堆肥资源化利用。对各区域内农业有机废弃物堆肥的潜在需求量和潜在供给量进行计算，同时对各区域的堆肥需求和供给平衡进行定量分析，研究结果如下所示。

（1）河南省总体堆肥潜在需求量约 18869.13 万吨/年，各农业有机废弃物（畜禽粪便和秸秆）堆肥的潜在供给量约 15545.42 万吨/年，堆肥需供比（堆肥潜在需求量/堆肥潜在供给量）约 1.21。理论上河南省的农业有机废弃物全量可以河南省的农作物生产所利用。

（2）研究对象地区的 17 个地级市和 1 个省直辖市中，6 地级市堆肥需供比低于 1.0，其他区域需供比均超过 1.0。研究对象地区的各区域堆肥需供比存在较大的偏差。

（3）河南省各农业有机废弃物（畜禽粪便和秸秆）堆肥潜在供给总量约 15545.42 万吨/年，其中畜禽粪便堆肥的潜在供给量约 7682 万吨/年，占堆肥潜在供给总量的 49.42%，各种秸秆堆肥的潜在供给量约 7863.42 万吨/年，占堆肥潜在供给总量的 50.58%。河南省总体来源于畜禽粪便的堆肥潜在供给量和来源于秸秆的堆肥潜在供给量基本处于平衡状态。

（4）研究对象 17 个地级市和 1 个省直辖市中，9 区域来源于畜禽粪便的堆肥潜在供给量高于来源于秸秆的堆肥潜在供给量，这些区域主要集中在河南省的西部山区及中部以省会郑州市为中心的经济发达地区，种植面积较少但养殖业较发达。其余地区来源于秸秆的堆肥潜在供给量高于各来源于畜禽粪便的堆肥潜在供给量，这些区域主要集中在河南省的东部、南部、北部种植业较发达的平原地区。研究对象地区各区域，来源于畜禽粪便的堆肥潜在供给量和来源于秸秆的堆肥潜在供给量同样存在较大的偏差。

本书中研究的完成为河南省各区域农业有机废弃物堆肥的资源化利用提供科学依据的同时，也是将来更确切地成为解决堆肥在使用过程中降低成本，提高利用效率的基础。作为今后的课题，农业有机废弃物堆肥在利用过程中，移动区域的扩大及在施用过程中成本的降低等探究，为实现其效率化利用非常必要。

# 参 考 文 献


[1] 品部和宏. 土的环境圈——废弃物的绿色农业还原和堆肥化. 日本东京: FUJI Techno System Co. , Ltd. , 1997.

[2] 井村秀文, 勝原健. 中国的环境问题. 日本东京: 东洋经济新报社, 1995.

[3] 香川文庸, 伊藤繁, 徐世旭. 地域废弃物的发生处理量的把握——有机废弃物循环利用系统构筑. 日本京都: 京都大学生物经济研究所, 2006.

[4] 金山纪久. 十勝圏のフードシステムを中心とした産業連関表の構築に関する研究. 帯広信用金庫(日本), 2002: 116.

[5] 西尾道德. 堆肥有机质肥料基础知识. 日本东京: 农山渔村文化协会, 2007.

[6] 谷川昇, 古市徹, 東海明宏, 等. 根据问卷调查对都市近郊农家堆肥选择要因的解析. 廃棄物学会文誌(日本), 2006, 17(2): 153-161.

[7] 前田利蔵. 都市有机废弃物. 日本: 财团法人地球环境战略研究机构, 2006.

[8] 日本环境省. http: //www. env. go. jp/recycle/waste/conf_raw_g/01/mat03. pdf[2011-01-13].

[9] 藤田賢二. 堆肥化技术——废弃物有效利用技术. 日本东京: 技报堂出版, 1993.

[10] 周庆生. 关于有机废弃物广域移动效率化研究——以中国河南省郑州市行政区域的需供平衡为中心. 日本东京: 东洋大学, 2011.

[11] 原田靖生. 有机废弃物的处理・流通・利用系统. 日本东京: 社团法人农林水产技术情报协会, 1988.

[12] 羽賀清典. 土的环境圈——农业废弃物堆肥化技术. 日本东京: FUJI Techno System Co. , Ltd. , 1997.

[13] 後藤茂子. 最近下水污泥农业利用相关研究——以重金属为中心. 季刊肥料(日本), 2004, (97): 43-48.

[14] 北脇秀敏. 土的环境圈——堆肥化装置. 日本东京: FUJI Techno System Co. , Ltd. , 1997.

[15] 北脇秀敏, 藤田賢二. 都市垃圾堆肥化利用现状及可能性. 都市和废弃物(日本), 1986, 16(12): 15-24.

[16] 三俣延子. 下水汚泥の緑地利用-イングランドの環境政策. 廃棄物資源循環学(日本), 2009, 20(1): 22-28.

[17] 安藤生大. 环境化学的事典——垃圾的分类与收集. 日本东京: 朝仓书店, 2007.

[18] 河村清史. 有机废弃物资源化现状于技术. 日本埼玉县: 日本埼玉县环境科学国际中心, 2001.

[19] 伊达升. 有机废弃物与微生物资材. 日本东京: 农山渔村文化协会, 1988.

[20] 松崎敏夫. 土和堆肥和有机物. 日本: 社团法人家的观光协会, 1992.
[21] 矢田敏英, 川口惠子, 佐々木健. 有机废弃物循环利用. 日本东京: (株式会社)地人书店, 1992.
[22] 田中勝, 河村清史, 酒井伸一, 等. 废弃物处理总论. 日本东京: (株式会社)エヌ・テイーエス, 1998.
[23] 西尾道德. 堆肥及有机质肥料的基础知识. 日本东京: 农山渔村文化协会, 1998.
[24] 樋口壮太郎. 日本垃圾阅读物——垃圾处理技术. 日本东京: 廃棄物学会, 中央法规出版, 2000.
[25] 岡田清. 关于欧美有机废弃物处理状态. 日本东京: 日本畜产环境整备机构畜产环境研究所. http: //www. eieo. or. jp/pub_train//pub lication/tkjtki03/kaijai03 . pdf[2011-03-02].
[26] 前田利蔵. 都市有机废弃物资源化. 日本东京: (财团法人)人地球环境战略研究机关, 2006.
[27] 松藤康司. 日本垃圾阅读物——概要. 日本东京: 廃棄物学会, 中央法規出版, 2000.
[28] 寄本勝美. 向往再利用社会的道路. 日本东京: 岩波書店, 1993.
[29] 山本耕平. 日本垃圾阅读物——垃圾处理法律. 日本东京: 廃棄物学会, 中央法规出版, 2000.
[30] 坂本宏. 环境化学的事典——循环社会. 日本东京: 朝仓书店, 2007.
[31] 日本环境省. (日本垃圾的分类及发生处理状况). http: //www.env.go. jp/recycle/waste/conf_raw_g/01/mat03. pdf[2011-01-13].
[32] 社团法人日本食品需求供给研究中心. 平成 10 年度地域废弃物集中处理系统推进调查报告书. 日本: 1999.
[33] 汪群慧, 孙晓红, 李国进, 等. 中国都市废弃物处理与对策. 廃棄物学会志(日本), 2003, 14(3): 158-164.
[34] 王晓兰. 关于中国城市地区废弃物燃烧处理导入可能性研究. 日本东京: 东洋大学大学院论文, 2006.
[35] Liu L, Kong H M, Lu B B, et al. The use of concentrated monosodium glutamate wastewater as a conditioning agent for adjusting acidity and minimizing ammonia volatilization in livestock manure composting. Journal of Environmental Management, 2015, 161: 131-136.
[36] Mouri G R, Aisaki N K. Using land-use management policies to reduce the environmental impacts of livestock farming. Ecological Complexity, 2015, 22(1): 169-177.
[37] 熊泽喜久雄. 日本环境保护型农业发展和资源循环. 中国禽业导刊, 2008, 25(15): 27-28.
[38] 孙振钧, 孙永明. 我国农业废弃物资源化与农村生物质能源利用的现状与发展. 中国农业科技导报, 2006, 8(1): 6-13.
[39] 周庆生, 北脇秀敏, 荒卷俊也. 关于中国郑州市有机废弃物农业利用的运输问题的研究. 土木学会第 38 回環境システム研究論文集(日本), 2010, 38: 341-347.
[40] 袁梅. 河南省秸秆综合利用途径与对策. 地域研究与开发, 2013, 32 (6) : 145.
[41] 林源, 马骥, 秦富. 中国畜禽粪便资源结构分布及发展. 中国农学通报, 2012, 28(32): 1-5.
[42] 国家统计局河南调查总队. 河南统计年鉴. 北京: 中国统计出版社, 2009.
[43] 申眺, 乔勇, 赵新磊. 河南省有机肥资源利用状况及存在问题. 北京: 中国大地出版社, 农业部种植业管理司全国农业技术推广中心联合出版, 2009.

[44] 叶美锋，吴飞龙，林代炎. 农业固体废物堆肥化技术研究进展. 能源与环境，2014，(6): 57-58.
[45] 杨柏松，熊文江，朱巧银. 好氧堆肥技术研究. 现代化农业, 2016, (7): 57-58.
[46] 王岩. 养殖业固体废弃物快速堆肥化处理. 北京：化学工业出版社, 2005.
[47] 张克强，高怀友. 畜禽养殖业污染物处理与处置. 北京：化学工业出版社, 2004.
[48] 荒卷俊也，鈴木英司，花木啓祐. 有机废弃物有效利用的堆肥制品需求供给平衡解析——以爱知县为研究对象. 环境科学杂志(日本), 2001 , 14 (4): 367-371.
[49] 周庆生，北脇秀敏. 关于中国郑州市有机废弃物农业利用需供平衡分析. 东洋大学大学纪要(日本), 2009, (46): 45-55.
[50] 慕成功，赵梦霞. 河南省有机肥资源. 北京：中国农业技术出版, 1996.
[51] 遠籐登，平山嘉夫. 畜禽粪便的流通利用——向往商品流通道路. 日本东京：日本财团法人农政调查委员会不二家出版株式会社, 1974.
[52] 张丽叶. 河南省现代农业可持续发展的综合效益评价. 南京：中国农业资源与区划，2016, 37(10): 96-97.
[53] 国家统计局河南调查总队. 河南统计年鉴. 北京：中国统计出版社, 2016.
[54] 洛阳市科技局. 河南省 2006—2020 年建设社会主义新农村规划纲要. http://www.lysti.gov.cn/show.aspx?id=10367&typeId=34#[2006-12-28].
[55] 河南省畜牧局，河南省发展和改革委员会. 河南省畜牧业“十二五”发展规划. 2011.
[56] 时在涛，徐广印. 河南省秸秆资源及其利用现状. 科技信息, 2011, (15): 134.
[57] 卜毓坚，屠乃美，刘文，等. 我国农作物秸秆综合利用现状及其技术进展. 作物研究，2006, 20(5): 526-529.
[58] 张绪美. 中国畜禽养殖及其粪便污染特征与发展趋势分析. 南京：中国科学院南京土壤研究所学位论文, 2008.
[59] 松中照夫. 土壤学基础——成长・机能・肥沃度・环境. 日本东京：农山渔村文化协会, 2003.
[60] 安藤生大. 环境化学的事典——堆肥. 日本东京：朝仓书店, 2007.
[61] 郑义，申眺，刘中平. 中国化学肥料 100 年回眸——化肥在河南農業生産中的作用与展望. 北京：中国农业化学技术出版社, 2001.
[62] 刘丽香，吴承祯，洪伟. 农作物秸秆综合利用的进展. 亚热带农业研究, 2005, 2(1): 75-80.
[63] 杭维琦，陈建汇. 野外燃烧秸秆对环境质量的影响与预防. 环境监测管理与技术，2000, 12(2): 36-37.
[64] 曹国良，张小曳，王丹. 秸秆露天焚烧排放的 TSP 等污染物清单. 农业环境科学学报, 2005, 24(4): 800-804.
[65] 郭永奇. 河南省主要农作物秸秆生物质资源定量评价及其地理分布. 农业现代化研究, 2013, 34(1): 114-117.
[66] 林源. 中国畜禽粪便资源结构分布及发展展望. 中国农学通报, 2012, 28(32): 1-5.
[67] 刘忠. 中国主要农区畜禽粪尿资源分布及其环境负荷. 资源科学, 2010, 32(5): 946-950.
[68] 国家环境保护总局自然生态保护司. 全国规模化畜禽养殖业污染情况调查及防治对策. 北京：中国环境科学出版社, 2002.
[69] 郑州市统计局，国家统计局郑州调查队. 郑州市统计年鉴. 北京：中国统计出版社, 2014.

[70] 开封市统计局, 国家统计局开封调查队. 开封市统计年鉴. 北京: 中国统计出版社, 2014.
[71] 洛阳市统计局, 国家统计局洛阳调查队. 洛阳市统计年鉴. 北京: 中国统计出版社, 2014.
[72] 平顶山市统计局, 国家统计局平顶山调查队. 平顶山市统计年鉴. 北京: 中国统计出版社, 2014.
[73] 安阳市统计局, 国家统计局安阳调查队. 安阳市统计年鉴. 北京: 中国统计出版社, 2014.
[74] 鹤壁市统计局, 国家统计局鹤壁调查队. 鹤壁市统计年鉴. 北京: 中国统计出版社, 2014.
[75] 新乡市统计局, 国家统计局新乡调查队. 新乡市统计年鉴. 北京: 中国统计出版社, 2014.
[76] 焦作市统计局, 国家统计局焦作调查队. 焦作市统计年鉴. 北京: 中国统计出版社, 2014.
[77] 濮阳市统计局, 国家统计局濮阳调查队. 濮阳市统计年鉴. 北京: 中国统计出版社, 2014.
[78] 许昌市统计局, 国家统计局许昌调查队. 许昌市统计年鉴. 北京: 中国统计出版社, 2014.
[79] 漯河市统计局, 国家统计局漯河调查队. 漯河市统计年鉴. 北京: 中国统计出版社, 2014.
[80] 三门峡市统计局, 国家统计局三门峡调查队. 三门峡市统计年鉴. 北京: 中国统计出版社, 2014.
[81] 南阳市统计局, 国家统计局南阳调查队. 南阳市统计年鉴. 北京: 中国统计出版社, 2014.
[82] 商丘市统计局, 国家统计局商丘调查队. 商丘市统计年鉴. 北京: 中国统计出版社, 2014.
[83] 信阳市统计局, 国家统计局信阳调查队. 信阳市统计年鉴. 北京: 中国统计出版社, 2014.
[84] 周口市统计局, 国家统计局周口调查队. 周口市统计年鉴. 北京: 中国统计出版社, 2014.
[85] 驻马店市统计局, 国家统计局驻马店调查队. 驻马店市统计年鉴. 北京: 中国统计出版社, 2014.
[86] 济源市统计局, 国家统计局济源调查队. 济源市统计年鉴. 北京: 中国统计出版社, 2014.

# 索　　引

# 致　谢

我在日本留学工作十几年，从本科开始到取得博士学位再到东洋大学就职期间，一直以来受到北脇秀敏教授无私的教赐。本书是在北脇秀敏教授多年指导下对我影响深远的结晶，在本书成稿之际，向恩师致以最真挚的感谢。

河南科技学院园艺园林学院李新峥教授，长期以来给予我科研上的关心和支持，并在农业有机废弃物堆肥农业施用方面提出宝贵意见，在此表示感谢。

河南科技学院园艺园林学院副教授张毅川、王瑶，在论文的论证及 SCI、EI 论文的投稿和修改过程中提出宝贵意见，在此表示感谢。

河南科技学院资源与环境学院副教授杨春林，在 SCI、EI 论文的堆肥需供比显示系统的完成方面提供重要的协助，在此表示感谢。

河南省农业厅土肥站研究员申眺，新郑市土肥站工作人员李建峰，中牟县土肥站工作人员陈东辉、任智永等，在实地调研中提供珍贵的资料和必要的协助，在此表示感谢。

本书是我及我的研究团队，研究有机废弃物堆肥资源化利用的又一研究成果。如果没有学生们收集、整理资料，以及在河南省各区域进行实地调研，特别是已毕业学生赵宇飞同学数据统计的付出，本书的完成不知推迟至何日。从此意义上讲，本书可以看作是集体智慧的结晶。在此对参与实地调研和数据整理的各位同学表示感谢。

最后，对一直以来支持我常年留学和科研工作的妻子白宝元和女儿周子晴及家庭各位成员，在此表示感谢。

周庆生

2018 年 2 月 10 日